阿根廷滑柔鱼繁殖生物学及产卵策略研究

陈新军　林东明　著

U0226513

科学出版社
北京

内 容 简 介

阿根廷滑柔鱼是西南大西洋的重要经济种类，是我国远洋鱿钓渔业的主要捕捞对象。本书通过解剖学、组织学、组织能量测定和模型统计分析等研究方法，结合发育生物学、进化生态学，研究阿根廷滑柔鱼卵巢发育及其卵母细胞发生的形态学和组织学特征，卵巢发育水平和能量积累等与海洋环境（表层水温、叶绿素、盐度等）表型关系等，探讨阿根廷滑柔鱼的产卵策略，以期充分认识阿根廷滑柔鱼的繁殖生物学，为阿根廷滑柔鱼资源可持续利用和科学管理提供基础，同时也为大洋性柔鱼类的繁殖生物学研究提供新的方法。

本书可供海洋生物、水产和渔业研究等专业的科研人员，高等院校师生及从事相关专业生产、管理的工作人员使用和阅读。

图书在版编目(CIP)数据

阿根廷滑柔鱼繁殖生物学及产卵策略研究/陈新军，林东明著.—北京:科学出版社, 2018.4

ISBN 978-7-03-056416-0

Ⅰ.①阿…　Ⅱ.①陈…　②林…　Ⅲ.①柔鱼–繁殖–研究–阿根廷②柔鱼–产卵–研究–阿根廷　Ⅳ.①Q959.21

中国版本图书馆 CIP 数据核字 (2018) 第 012728 号

责任编辑：韩卫军 / 责任校对：唐静仪
责任印制：罗　科 / 封面设计：墨创文化

科 学 出 版 社 出版

北京东黄城根北街16 号
邮政编码：100717
http://www.sciencep.com

四川煤田地质制图印刷厂印刷
科学出版社发行　各地新华书店经销

*

2018 年 4 月第 一 版　　开本：720×1000　B5
2018 年 4 月第一次印刷　　印张：6 3/4
字数：140 千字
定价：75.00 元
（如有印装质量问题，我社负责调换）

前　言

阿根廷滑柔鱼是西南大西洋的重要经济种类，是我国远洋鱿钓渔业的主要捕捞对象。它具有生命周期短、生长快、终生一次繁殖等特点，其资源量取决于补充群体。目前，关于该种群产卵策略研究，主要基于相似种群策略的相似推测，或者基于生态系统的 r/K 策略选择鉴定，具体的基于卵巢发育和卵母细胞发生及生殖投入的产卵策略研究尚处于空白。

本专著对我国远洋鱿钓渔船采集的阿根廷滑柔鱼样本采用卵巢组织学切片技术和组织能量测定技术，结合形态学和解剖学观察分析，初步研究阿根廷滑柔鱼的产卵策略，主要包括分析阿根廷滑柔鱼的繁殖生物学特征、繁殖力和卵巢卵母细胞的形态生长及其排卵类型；科学描述并界定卵巢发育和卵母细胞发生的组织学特征，确定阿根廷滑柔鱼卵巢的组织学发育时期、卵母细胞发生时相及其成熟规律，以及与海洋环境生态因子的关系；分析肌肉和性腺等组织的能量密度、能量积累分配以及生殖投入方式，探讨能量积累分配与海洋环境生态因子的关系，确定影响生殖投入的主要因子。研究成果将为阿根廷滑柔鱼资源的可持续开发和利用提供基础资料。

本专著共分 6 章。第 1 章为绪论，总结分析阿根廷滑柔鱼渔业生物学研究现状和存在的问题，并对本专著的研究内容和体系作简要论述。第 2 章为阿根廷滑柔鱼繁殖生物学。通过生物学数据测定，修正生殖系统发育的目测成熟度等级，进行样本的雌雄个体组成、性别组成、性腺发育组成以及性腺指数等分析研究，掌握采集样本的基础生物学特征。同时，在生物学特征分析的基础上，结合采集海域分布和以往的研究报道，探讨分析其产卵周期，为产卵策略研究提供基础。第 3 章为繁殖力及其排卵类型的研究。基于生殖系统的目测成熟度等级划分，计数并测定个体自生理性发育期开始的潜在繁殖力、相对繁殖力和潜在繁殖投入指数，确定卵巢卵母细胞的形态生长模式和输卵管最大载卵量。同时，测定个体自生理性成熟期开始的每个性腺成熟等级的卵巢卵母细胞和输卵管成熟卵子的尺寸大小，分析不同性腺成熟等级的卵母细胞大小分布和卵子大小分布，探讨卵母细胞的排卵类型。第 4 章为卵巢发育及卵母细胞成熟模式研究。通过卵巢组织学切片制备，进行卵巢卵母细胞发生的观察分析，科学描述卵母细胞发育生长特征，探究确定卵巢卵母细胞的发育时序。在卵母细胞发育时序的确定分析基础上分析不同发育时期卵巢的时相卵母细胞个数占比和面积占比分布规律，确定卵巢发育时期，并探究卵母细胞的发育模式。此外，在卵巢组织切片分析的基础上，测定时相卵母细胞大小直径，分析不同发育时期卵巢的卵母细胞大小分布规律，确定卵巢卵母细胞的产卵式样和成熟类型。同时，基于卵巢时期的确定和时相卵母细胞的定义划分，利用 GAM 模型分析卵巢发育与海表面温度、叶绿素浓度和海平面高度等海洋环境生态因子的关系，并结合采样月份、采样海域等参数，初步探讨卵巢发育的海洋环境响应关系。第 5 章为肌肉和性腺组织能量积累及其生殖投入的研究。利用组织能量密度测定技术，测定胴体和足腕等肌肉组织，卵巢、缠卵腺和输卵管复合体等性腺组织的组织能量密度，计算肌肉组织和性腺组织的组织能量。在组织能量测定的基础上进行不同性腺成熟度等级的肌肉组织、性腺组织的能量积累变化及其分配和占比，探讨分析生殖投入方式。同时，在肌肉组织和性腺组织能量积累变化的分析基础上，利用 GAM 模型进行组织能量积累与海表面温度、叶绿素浓度和海平面高度等海洋环境生态因子的关系，并结合采样月份、采样海域等参数，初步探讨生殖投入的海洋环境响应关系。第 6 章为结论与展望。

本专著系统性强，是对头足类繁殖生物学研究理论和方法的发展，可供从事海洋科学、水产和渔业研究的科研人员和研究单位使用。

本书得到了上海市高峰 Ⅱ 学科（水产学）、国家自然科学基金（编号 NSFC41476129）等项目的资助。同时也得到国家远洋渔业工程技术研究中心、大洋渔业资源可持续开发省部共建教育部重点实验室的支持，以及农业部科研杰出人才及其创新团队——大洋性鱿鱼资源可持续开发创新团队的资助。

由于时间仓促，覆盖内容广，国内缺乏同类的参考资料，书中难免会存在一些疏漏，望读者提出批评和指正。

目　　录

第1章 绪 论

1.1 研 究 意 义

大洋性柔鱼类是重要的经济性头足类,在世界其他国家和我国的海洋渔业中占有重要地位(陈新军等,2012;Bloor et al.,2013);同时,大洋性柔鱼类是特定海洋生态系统的主要营养指标,在海洋生态系统中扮演着重要的"生物泵"作用(Arkhipkin,2012)。大洋性柔鱼类具有生命周期短(通常为一年生)、产卵后便死亡、没有剩余群体等特点,资源补充量受到海洋环境变动的强烈影响(Rodhouse et al.,2014),年间资源量变化很大。如,1998 年茎柔鱼(*Dosidicus gigas*)渔业资源量受厄尔尼诺事件影响,其年产量从 1992~1997 年的 $10×10^4$~$20×10^4$ t 下降至 $2.7×10^4$ t(Waluda et al.,2006)。因此,在可变的海洋环境下,产卵策略的选择是其实现后代繁衍及其存活最大化的繁殖策略之一(Rocha et al.,2001;Murua and Saborido-Rey,2003),特别是短生命周期种类,产卵策略的研究则是建立资源评估管理模型,保证这些短寿命、终生一次繁殖种类的资源可持续开发利用的关键内容之一(Rodhouse et al.,2014;Boyle and Rodhouse,2005;Lima et al.,2014)。

阿根廷滑柔鱼(*Illex argentinus*)隶属于头足纲、枪形目、柔鱼科,分布在 22°~54°S 的西南大西洋大陆架和大陆坡海域,尤以 35°~52°S 海域资源最为丰富(Brunetti et al.,1998;Haimovici et al.,1998),是西南大西洋最重要的头足类资源(Bazzino et al.,2005),也是我国远洋鱿钓渔业的重要捕捞对象(陈新军等,2012;Bloor et al.,2013)。与其他大洋性柔鱼类相同,该种类具有生命周期短、产卵后即死、环境适应敏感的特点(O'Dor,1998;Jereb 和 Roper,2005),其资源量的大小完全取决于补充群体(陈新军等,2012a,2012b;Lipiński,1998;郑小东等,2009)。补充群体的多少则完全取决于其产卵策略,是阿根廷滑柔鱼群体资源量大小的直接制约因素之一(Nesis,1995;Pecl,2001;Llodra,2002;King,2007)。为此,需要从繁殖机理上去认识该种类的资源量变化机制,从而为渔情预报和阿根廷滑柔鱼资源的科学管理提供依据。

本书以我国鱿钓渔船主要捕捞种群——阿根廷滑柔鱼为研究对象(约占捕捞产量的 80%以上),通过解剖学、组织学、组织能量测定和模型统计分析等研究方法，结合发育生物学、进化生态学，研究阿根廷滑柔鱼卵巢发育及其卵母细胞发生的形态学和组织学特征，肌肉组织和性腺组织等组织能量积累及其分配关系，以及卵巢发育水平和能量积累等与海洋环境(表层水温、叶绿素、盐度等)的表型关系等，探讨阿根廷滑柔鱼的产卵策略，以期充分认识阿根廷滑柔鱼的繁殖生物学，为阿根廷滑柔鱼资源的可持续利用和科学管理提供基础，同时也为大洋性柔鱼类的繁殖生物学研究提供新的方法。

1.2　国内外研究现状及发展动态分析

头足类是软体动物中最神秘、种类最多的物种之一(Ponte et al.，2013)。根据头足类的最新分类系统，现生头足纲划分为鹦鹉螺亚纲和鞘亚纲，鹦鹉螺亚纲仅1目1科7种，鞘亚纲7目45科649种(陈新军等，2009)。它们广泛分布于世界各大洋和各海域，并且其分布在一定程度上受海水盐度的影响，耐盐范围在27‰~37‰，少数种类的耐盐能力可以低至17‰，如圆鳍枪乌贼(*Lolliguncula brevis*)(Jereb和Roper，2005)。现生头足类，除了鹦鹉螺亚纲的种属外，鞘亚纲下的属种生长速率快，生命周期较短，寿命为1~2年，终生仅繁殖一次，并在生命最后阶段产卵(Nesis，1995；Rocha et al.，2001；Jereb 和 Roper，2005)。

1.2.1　头足类的生殖系统

1. 雌性生殖系统

头足类的雌性生殖系统由体腔特化而成，位于胴体后端，体腔膜内，基本组成单元为卵巢(ovary)、输卵管(oviduct)和附属腺(accessory glands)(Jereb 和 Roper，2005；陈新军等，2009；Arkhipkin et al.，1992)，但是不同种类的附属腺存在一定的差异。十腕类的附属腺主要为输卵管腺和缠卵腺，部分科属另有副缠卵腺(Jereb 和 Roper，2005)，如乌贼目和枪形目的闭眼亚目附属腺为输卵管腺(oviducal gland)、缠卵腺(nidamental gland)和副缠卵腺(accessory nidamental gland)(Arkhipkin et al.，1992)；枪形目的开眼亚目等属种的附属腺则没有副缠卵腺(Arkhipkin et al.，1992；Arnold，2010)；而八腕类(octopods)的附属腺则更为简单，仅有位于输卵管腺中部的输卵管腺，没有缠卵腺和副缠卵腺等结构(Arkhipkin et al.，1992；Wells，2012)。鹦鹉螺类类似于枪形目的开眼亚目，没有副缠卵腺(Arnold，2010；Haven，1977；Sasaki et al.，2010)。在功能作用上，输卵管腺和缠卵腺分泌腺体并形成卵壳，副缠卵腺则充满共生细菌，可以分泌抗生素类物质或驱动体内氨基态的氮转化（Boletzky，1986；Di Cosmo et al.，2001；蒋霞敏等，2008；许著廷等，2011）。

此外，枪乌贼科的福氏枪乌贼（*Loligo forbesi*）（Lum-Kong，1992）、中国枪乌贼（*Uroteuthis chinensis*）（欧瑞木，1983），狼乌贼科的狼乌贼（*Lycoteuthis lorigera*）（Hoving et al.，2007），以及乌贼科的曼氏无针乌贼（*Sepiella maindroni*）（蒋霞敏等，2008)等属种的雌性生殖系统中还包含有纳精囊（seminal receptacle）。

2. 雄性生殖系统

头足类所属各种的雄性生殖系统的组成单元基本一致，组成单元可划分为精巢（testis）、输精管（spermaductus）、精荚器（spermatophoric organ）（或精荚腺 spermatophoric gland）、精荚囊（spermatophore sac）（或尼氏囊 Needham's Sac）、阴茎（penis）等（Arkhipkin，1992；Jereb 和 Roper，2005）。然而，不同属种之间在某些结构上存在细微差异。如，十腕类的精荚器与精荚囊之间为一段短的精荚管（sperm duct）（Arkhipkin，1992；Wells，2012）；八腕目的精荚腺包括储精囊（seminal vesicle）和前列腺（prostate），两者共同开口于精荚囊（Haven，1977；Sasaki et al.，2010）；鹦鹉螺类的精巢先与精荚腺相连，再与输精管相接，并且精荚腺和输精管两者相接处有一精荚囊（Arnold，2010；Sasaki et al.，2010）。

此外，不同学者对头足类雄性生殖系统组成的单元划分有所不同。如国内很多学者把十腕类的精荚器划分为储精囊和前列腺（陈新军等，2009；蒋霞敏等，2008；欧瑞木，1983；焦海峰等，2010），而国外部分学者则把精荚囊和阴茎统称为端器（terminal organ）（Nesis，1995；Hoving et al.，2004，2008；Villanueva et al.，2012）。

1.2.2 头足类的繁殖力

一般地，头足类的繁殖力主要根据卵巢和输卵管中卵母细胞的计数估算，不同属种间的最大繁殖力存在明显差异（表 1-1）。其中，柔鱼类和枪乌贼类属种的潜在繁殖力均以十万、百万计，乌贼类和章鱼类等属种的潜在繁殖力则比较小。如，目前发现茎柔鱼（*Dosidicus gigas*）的繁殖力是头足类中最大的一个种，其潜在繁殖力高达 3200 万个卵子，实际繁殖力则占潜在繁殖力的 50%～70%，每次排卵都可以释放输卵管载荷卵子的 80%左右（Nigmatullin et al.，2009）；鸢乌贼（*Sthenoteuthis oualaniensis*）的潜在繁殖力也相当大，其潜在繁殖力可达 2200 万个卵子（Nigmatullin and Laptikhovsky，1994）；莱氏拟乌贼（*Sepioteuthis lessoniana*）（Venkatesan and Rajagopal，2013）和粉红乌贼（*Sepia orbignyana*）（Dursun et al.，2013)等的潜在繁殖力则均在 2000 个以内。

　　同时，头足类属种的潜在繁殖力与其个体大小、性腺发育成熟度等存在很大关系。个体越大，卵巢及输卵管中的卵母细胞(或卵子)含量也越大。如，胴长为 150～160mm 的科氏滑柔鱼(*Illex coindetii*)，其潜在繁殖力仅为 9 万个卵母细胞；而科氏滑柔鱼的胴长在 230～250mm 时，其潜在繁殖力则达到 80 万个卵母细胞(Laptikhovsky and Nigmatullin，1993)。然而，性腺发育越成熟，其繁殖力却相对越少。如桔背鸢乌贼(*Sthenoteuthis pteropus*)性腺发育未成熟的雌性个体，其潜在繁殖力高达 1791 万个卵母细胞；性腺发育成熟后，其潜在繁殖力则有所下降，在 580 万～1581 万个卵母细胞(Laptikhovsky and Nigmatullin，2005)。这是因为性腺发育成熟后雌性个体开始排卵。

表 1-1　头足类繁殖力

属种	胴长/mm	潜在繁殖力/个	卵子大小/mm	文献
乌贼类 Sepioids				
乌贼(*Sepia officinalis*)	125～247	<8000	6.4～7.5	Laptikhovsky et al.，2003
粉红乌贼(*Sepia orbignyana*)	60～84	201～1532	6.3～8.3	Dursun et al.，2013
粗壮耳乌贼(*Sepiola robusta*)	24～28	117～245	2.7～5.8	Salman et al.，2004
夏威夷四盘耳乌贼(*Euprymna scolopes*)	—	300*	2	Boyle and Rodhouse，2005
小乌贼(*Sepietta oweniana*)	22～36	58～236	1.4～3.4	Salman，1998
龙德莱耳乌贼(*Rondeletiola minor*)	10.9～21.2	5～460	15～30	Czudaj et al.，2013
莱氏拟乌贼(*Sepioteuthis lessoniana*)	120～196	180～1054	—	Venkatesan and Rajagopal，2013
枪乌贼类 Loliginid squid				
乳光枪乌贼(*Loligo opalescens*)	>81	<4250	1.6～2.5	Macewicz et al.，2004
皮氏枪乌贼(*Loligo pealei*)	42～260	3500～6000	1.0～1.6	Boyle and Rodhouse，2005
枪乌贼(*Loligo vulgaris*)	118～250	1337～10146	2.1～3.7	Šifner and Vrgoc，2004
柔鱼类 Ommastrephid squid				
阿根廷滑柔鱼(*Illex argentinux*)	150～380	75000～1200000	0.96～1.04	Laptikhovsky and Nigmatullin，1993
滑柔鱼(*Illex illecebrosus*)	220～280	200000～630000	0.75～0.88	Laptikhovsky and Nigmatullin，1993

续表

属种	胴长/mm	潜在繁殖力/个	卵子大小/mm	文献
科氏滑柔鱼(*Illex coindeti*)	150~250	90000~800000	0.77~0.82	Laptikhovsky and Nigmatullin, 1993
太平洋褶柔鱼(*Todarodes pacificus*)	318~418	320000~470000	0.70~0.95	Roper et al., 2010
茎柔鱼(*Dosidicus gigas*)	415~875	<32000000	0.9~1.1	Nigmatullin and Markaida, 2009
鸢乌贼(*Sthenoteuthis oualaniensis*)	200~318	<22000000	0.82	Harman et al., 1989; Nigmatullin and Laptikhovsky, 1994
桔背鸢乌贼(*Sthenoteuthis pteropus*)	355~452	5800000~17910000	0.73~0.87	Laptikhovsky and Nigmatullin, 2005
章鱼类 Octopods				
沟蛸(*Octopus briareus*)	—	300~500	5.0×14.0	Boyle and Rodhouse, 2005
蓝蛸(*Octopus cyanea*)	—	<700000	<3.00	Boyle and Rodhouse, 2005
水蛸(*Octopus dofleini*)	—	18000~70000	<8.0	Boyle and Rodhouse, 2005
周氏蛸(*Octopus joubini*)	—	<321	4.0×8.0	Boyle and Rodhouse, 2005
玛雅蛸(*Octopus maya*)	—	3000~5000	3.9×11.0	Boyle and Rodhouse, 2005
郁蛸(*Octopus tetricus*)	—	<700000	0.9×2.4	Boyle and Rodhouse, 2005
真蛸(*Octopus vulgaris*)	80~300	13000~634000	1.0×2.0	Otero et al., 2007
尖盘爱尔斗蛸(*Eledone cirrhosa*)		2000~54000	4~6	Boyle and Rodhouse, 2005; Boyle and Chevis, 1992
爱尔斗蛸(*Eledone moschata*)	79~140	210~459	13.56~15.22	Krstulovic Šifner and Vrgoc, 2009
深海多足蛸(*Bathypolypus arcticus*)	—	20~80	6.0×14.0	Boyle and Rodhouse, 2005

注：＊最大排卵量。

1.2.3 头足类的繁殖策略研究

头足类为雌雄二态性，除了鹦鹉螺类外，其他属种生殖腺均单次发育，性腺成熟后精/卵巢中将不再出现生发细胞，而生发细胞是性腺二次发育的特征之一，这是该物种对其终生繁殖一次的一种生殖性适应(Hoving et al.，2008；Nesis，1987；Goncalves et al.，2002)。一般地，头足类属种的性腺发育是雄性先熟。如，真蛸(*Octopus vulgaris*)雄性个体精巢扩张比雌性卵巢扩张提早 2~3 个月(Goncalves et al.，2002；Mangold，1983)；嘉庚蛸(*Octopus tankahkeei*)的雌性性腺处于发育中而未成熟时，其输卵管腺的中央腔可见大量精子(焦海峰等，

2011)。然而，有些属种雄性性腺发育时间比雌性早，但是两者性腺发育成熟却是同时的，如阿根廷滑柔鱼(Arkhipkin and Laptikhovsky，1994)。雄性先熟是该物种对雌雄间存在交配和生殖季节精荚整体外排的一种适应(焦海峰等，2010)，而雌雄亲体同时发育成熟则是对生殖系统中没有纳精囊或类似结构的一种生殖性适应(Arkhipkin and Laptikhovsky，1994)。

目前，关于头足类繁殖策略及其选择的研究，主要基于以下几个方面。

1. 基于海洋环境的策略选择研究

在易变的海洋环境下，头足类表现出对海水温度、海表面风速、风生上升流、水层深度等生态因子的繁殖适应性(Lima et al.，2014；Otero et al.，2007；Laptikhovsky et al.，2002；2007)。Nigmatullin and Laptikhovsky(1994)把柔鱼科各属种的繁殖策略归纳为两种：一种是近海策略(滑柔鱼属类型)，表现为卵子大、繁殖力适中、产卵后停止摄食、多批次产卵、每批次产卵数递减；另一种是大洋策略(鸢乌贼属类型)，表现为卵子小、繁殖力大、间歇产卵、批次产卵间继续摄食并生长。Nesis(1995)则进一步把现生头足类的繁殖策略归纳为鹦鹉螺型、面蛸型、蛸型、船蛸型等。

现生头足类的繁殖策略是在竞争下最大限度地使用生态龛位(ecological niches)，是对生活环境的一种遗传性适应。因此，Rocha 等(2001)把头足类的繁殖策略重新定义为五种类型：瞬时终端产卵型、多轮产卵型、多次产卵型、间歇终端产卵型和连续产卵型。如，鹦鹉螺、面蛸(*Opisthoteuthis agassizii*)等的栖息水域稳定而"安全"，故它们选择了产卵速度缓慢连续的多轮产卵策略或连续产卵策略。相反，对于栖息水域环境变动大的属种，则选择多次产卵、间歇终端产卵或瞬时终端产卵策略。

2. 基于能量分配和生殖投入的策略选择研究

头足类中，肌肉组织和消化腺是其能量储备的主要器官(O'Dor 和 Wells，1978；Clarke et al.，1994；Moltschaniwskyj and Semmens，2000)，储备能量用于生殖发育的比例是其繁殖策略的重要内容(Calow，1979)。不同生殖投入方式暗示其不同的繁殖策略选择。如，双柔鱼(*Nototodarus gouldi*)生殖能量投入主要来自饵料摄食，仅少量储备能量转化用于性腺发育生长，产卵期间继续摄食，暗示其产卵模式为多批次产卵策略(McGrath and Jackson，2002)。强壮桑椹乌贼(*Moroteuthis ingens*)大量的胴体组织能量转化用于性腺发育生长，产卵后体重迅速下降，暗示其为瞬时终端性产卵策略(Jackson et al.，2004)。

3. 基于卵巢发育的策略选择研究

目前，基于卵巢发育及其卵母细胞分布的观察分析是进行头足类繁殖策略研究的有效途径之一。

强壮桑椹乌贼(*Moroteuthis ingens*)和南极黯乌贼(*Gonatus antarcticus*) 性腺成熟模式为卵巢重量瞬时增大、卵母细胞同步发育，显示其产卵模式为瞬时终端产卵策略(Laptikhovsky et al.，2007)。

巴拿马圆鳍枪乌贼(*Lolliguncula panamensis*)在卵巢发育过程中，每个性腺发育时期均可见不同大小的卵母细胞、不同发育时相的卵母细胞，以及排卵后的滤泡形态，表征了该种群多次产卵的繁殖策略(Arizmendi-Rodríguez et al.，2012)。

粉红乌贼(*Sepia orbignyana*)的卵巢组织切片显示，性腺成熟度I期后，各时相卵母细胞同时存在，但分批同步发育，暗示着该属种的间歇性产卵策略(Dursun et al.，2013)。

茎柔鱼卵巢卵母细胞异步发育，每期性腺发育期原生质卵母细胞(直径0.1～0.2mm)均占多数，所占数量在85%以上，但不见卵径<0.05mm的卵原细胞和卵母细胞，在一定程度上说明了其持续性、间歇性的产卵行为，其间个体继续摄食并发育生长(Nigmatullin and Markaida，2009)。乌贼(*Sepia officinalis*)也是间歇性产卵策略，低时相卵母细胞分布于每个性腺发育期，并占有绝对的数量优势(Laptikhovsky et al.，2003)。

大西洋耳乌贼(*Sepiola atlantica*)卵巢卵母细胞分批同步成熟，卵子分批于不同地点产出，也表征着其间歇性产卵的繁殖策略(Rodrigues et al.，2011)。

4. 基于其他参数的策略选择研究

此外，头足类产卵繁殖策略研究的其他间接参数还包括成熟个体大小、输卵管饱满度、成熟卵母细胞重量、输卵管重量、卵巢重量、输卵管最大容卵量及其饱满度、缠卵腺发育、性腺指数等。

拟乌贼属的产卵策略为多次产卵，其特征表现为成熟雌性个体大小与输卵管饱满度的相关关系不显著、输卵管重量小于卵巢、性腺指数相对较小等(Pecl，2001)。

茎柔鱼持续性、间歇性的产卵行为表现为输卵管充盈变化大、与卵巢重量没有显著的相关关系、饱满度与缠卵腺呈显著的线性关系(Nigmatullin and Markaida，2009)。

大西洋耳乌贼(*Sepiola atlantica*)的成熟卵团与胴长呈正相关关系，而且功能性成熟前不发生任何的交配行为，繁殖投入表现为终端策略(Rodrigues et al.，2011)。此外，终端产卵策略的表现特征还有输卵管卵子重量与缠卵腺重量呈高度的正相关关系、卵巢重量与缠卵腺重量没有很显著的相关关系、输卵管饱满度与个体大小没有任何关系等(Harman et al.，1989；Gonzalez and Guerra，1996)。

1.3　阿根廷滑柔鱼的生物学研究

1.3.1　阿根廷滑柔鱼的渔业概况

阿根廷滑柔鱼(图1-1)为大洋性柔鱼类，分布在22°~54°S的西南大西洋大陆架和大陆坡海域(Haimovici et al.，1998；Brunetti et al.，1998)，种群资源量丰富，是世界头足类渔业中的重要经济属种，也是我国远洋鱿钓渔业的重要捕捞对象(陈新军等，2012a；Bazzino et al.，2005)。其中，联合国粮食及农业组织(Food and Agriculture Organization，FAO)数据显示该种群2009年的总渔获量占西南大西洋海域柔鱼类渔获量的87%(FAO，2011)。目前主要渔业方式为拖网作业和灯光鱿钓作业，作业海域主要集中在52°S以北的巴塔哥尼亚陆架海域，以及等深线200m处福克兰保护海域(Sacau et al.，2005)(图1-2)。

图1-1　阿根廷滑柔鱼形态

从20世纪70年代渔业活动开始，阿根廷滑柔鱼的资源量及其实际渔获量的年间波动较大。1993年渔获量到达一个小高峰，为63.8×10^4t，而后在1994年下降为50.6×10^4t，随后波动上升至1999年的历史最高值115×10^4t，2000~2011年渔获量在$17.9 \times 10^4 \sim 95.5 \times 10^4$t(FAO，2011，2013)。

近年来，我国在西南大西洋进行阿根廷滑柔鱼鱿钓生产作业的渔业公司增加较快，从2011年的10家企业增加到2014年的41家，渔获海域主要集中在西南大西洋公海海域和阿根廷专属经济区线内海域；渔获产量逐年上升，从 2011 年的 12.3×10⁴ t 上升至 2014 年的 33.56×10⁴ t(数据来自"中国远洋渔业协会鱿钓技术组")。

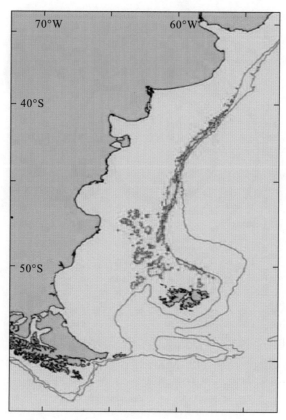

图 1-2　西南大西洋阿根廷滑柔鱼灯光渔业分布图(FAO, 2005)

1.3.2　阿根廷滑柔鱼的生活史特征

1. 生命周期短

类似于其他头足类种群，阿根廷滑柔鱼生命周期短，最大年龄为 1 年左右(Haimovici et al. , 1998；Hatanaka et al. , 1985；陆化杰和陈新军，2012)。最近，部分学者基于耳石年龄鉴定，发现南巴西海域的阿根廷滑柔鱼群体的寿命在 6 个月以内(Schwarz and Perez, 2010, 2013)。在其生命周期里，阿根廷滑柔鱼自卵团孵化后，进入大洋性自游仔鱼期、生长发育的稚鱼期和性腺发育成熟的成鱼期，最后产卵结束便死去(Boyle and Rodhouse, 2005)(图 1-3)。其中，浮游仔鱼期占生命周期的 14%，稚鱼期约占 70%，而性腺成熟并产卵及至死去的时间仅占 10%~20%(Schwarz and Perez，2013)。

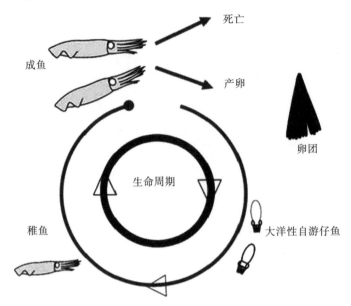

图 1-3　阿根廷滑柔鱼的生命周期(引自 Boyle et al.，2005)

2. 生长速率快

阿根廷滑柔鱼雌性个体生长速度快，并且雌性生长速度大于雄性(Hatanaka et al.，1985；Rodhouse and Hatfield，1990)。Arkhipkin 等(1994)研究发现日龄大于 180d 后，雌性的瞬时生长率显著地大于雄性；同时发现 150 日龄是导致同龄个体不同个体大小的一个年龄区分点。此外，不同产卵群体、不同性别的阿根廷滑柔鱼胴长和重量也存在显著差异(陆化杰和陈新军，2012)，其胴长在 10mm 左右时便可以自行游泳并索饵(Vidal et al.，2010)。

3. 产卵洄游

阿根廷滑柔鱼在性腺成熟前进行索饵场－产卵场之间的产卵洄游，主要产卵活动发生在阿根廷/南巴西外海的大陆架和大陆坡水域(图 1-4)(Brunetti and Ivanovic，1992；Arkhipkin，1993；Basson et al.，1996；Santos and Haimovici，1997；Arkhipkin and Middleton，2002)。Arkhipkin(1993)研究发现，阿根廷滑柔鱼产卵洄游信号与其年龄和性腺成熟度相关，一般雄性比雌性早 2~3 周开始产卵洄游。产卵洄游期间，个体生长很慢；达到产卵场时，个体将停止生长(Arkhipkin，1993；Haimovici et al.，1998)。

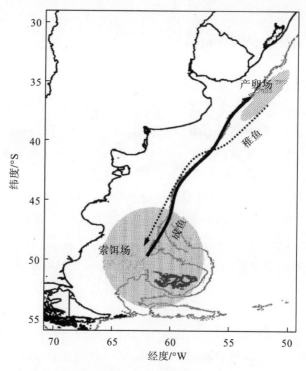

图 1-4　阿根廷滑柔鱼的产卵洄游(Arkhipkin, 2012)

4. 海洋环境适应敏感

阿根廷滑柔鱼对产卵孵化场的水温要求较高, 水温低于 11.5℃时其受精卵无法成功孵化(Sakai et al., 1998), 而喙头仔鱼(*Rhynchoteuthion larvae*)的栖息水温需在 14℃以上(Brunetti and Ivanovic, 1992)。同时, 阿根廷滑柔鱼种群资源极易受海洋表温的影响, 早期生活史的海表面温度变化对后续群体补充量的影响很大, 上年度孵化场的表温与本年度渔获量成反比关系(Waluda et al., 1999)。受精卵孵化成功率与巴西-福克兰海流汇合处的水温密切相关, 汇合处适温水域大的年份, 种群资源量高(Waluda et al., 2001)。种群资源丰度波动依赖于产卵场的温度适宜情况, 而与索饵场的表温没有显著关系(Arkhipkin and Middleton, 2002)。一般地, 渔获产量较高海区的表温为 12~15℃(陈新军和刘金立, 2004; 伍玉梅等, 2009), 中心渔场与表温的关系密切(陆化杰等, 2013)。此外, 叶绿素浓度也是影响种群资源量丰度的主要海洋环境生态因子之一, 适宜的海水叶绿素 a 浓度为 0.4~1.5mg/m³(郑丽丽等, 2011), 而基于表温和叶绿素 a 的栖息地指数模型预报中心渔场准确率在 70%以上(陈新军等, 2012b)。

1.3.3 阿根廷滑柔鱼的种群结构

阿根廷滑柔鱼种群结构复杂，根据亲体成熟个体的大小结构、产卵季节及其产卵场所等，至少可分为六个群体(Crespi-Abril and Barón，2012)。

(1)夏季产卵种群(summer spawning stock，SSS)，雌性亲体成熟平均胴长195mm，雄性亲体成熟平均胴长141mm，于12月至次年2月在大陆架过渡水域及大陆架外侧水域产卵(Brunetti et al.，1991)。

(2)布宜诺斯艾利斯－北巴塔哥尼亚种群(Bonaerensis-North Patagonian stock，BNPS)，于7~9月产卵，成熟个体胴长为200~350mm，产卵场位于巴西－福克兰海流交汇处的西边界附近(Brunetti et al.，1991；1998)。

(3)南巴塔哥尼亚种群(south Patagonian stock，SPS)，产卵场分布与BNPS相同，个体大小也类似于BNPS，成熟个体胴长190~350mm，4~8月产卵(Brunetti et al.，1998；Haimovici et al.，1998)。

(4)春季产卵种群(spring spawning stock，SpSS)，常年生活在39°~41°S的近岸水域，春季产卵，亲体成熟胴长140~240mm(Nigmatullin，1989)。

(5)巴西南部种群(southern Brazil stock，SBS)，产卵场在南巴西大陆坡水域，冬春季产卵，产卵群体的胴长240~360mm(Haimovici et al.，1998)。

(6)巴西中部种群(central Brazil stock，CBS)，常年生活在巴西外海大陆坡折水域，生命周期为一年左右，常年产卵，亲体成熟胴长160~240mm(Perez et al.，2009；Crespi-Abril and Barón，2012；Schwarz and Perez，2013)。

我国鱿钓渔船在西南大西洋的阿根廷滑柔鱼鱿钓渔业，作业时间基本为12月至翌年6月，作业海域集中于40°~50°S的阿根廷专属经济区以外的公海海域(伍玉梅等，2011)，渔获种群主要为南巴塔哥尼种群(王尧耕和陈新军，2005)，以及少量夏季产卵种群和布宜诺斯艾利斯－北巴塔哥尼亚种群(陆化杰和陈新军，2012；林东明等，2014)。

1.3.4 阿根廷滑柔鱼的生殖发育特征

尽管阿根廷滑柔鱼种群结构复杂，但种群间遗传变异性水平低，不存在遗传隔离现象(Carvalho et al.，1992；Bainy and Haimovici，2012)。因此，该种群具有一致的生殖发育特征。

1. 终生一次发育、一次繁殖

类似于其他大洋性柔鱼类，阿根廷滑柔鱼雌性生殖系统位于胴体后端，由体腔特化而成，由卵巢、输卵管、缠卵腺、输卵管腺等结构组成(Jereb and Roper，2005；陈新军等，2009；Arkhipkin，1992)。生殖系统发育始于前期仔鱼(paralarvae)，历经卵子细胞发生的生理性发育期、卵子形成的生理性成熟期、卵子成熟并开始转储输卵管的功能性发育期、输卵管饱满及开始产卵的功能性成熟期，以及生殖系统组织萎缩的衰败期(Arkhipkin，1992；Haimovici et al.，1998)。在性腺发育成熟阶段，个体的外套腔、头部、内脏等的重量显著地减少，而消化腺则保持稳定状态，产卵洄游期间，性腺及其附属生殖系统加速发育生长，产卵行为一旦开始，外套腔、内脏等就开始萎缩，繁殖交配后亲体便死去(Laptikhovsky and Nigmatullin，1995；Hatfield et al.，1992)。

2. 雌雄的性腺功能同步成熟

阿根廷滑柔鱼雌雄异体，雄性性腺提前发育，然而雌雄个体同时性腺发育功能性成熟(Arkhipkin and Laptikhovsky，1994)。在索饵场摄食生长过程中，个体生长及其性腺发育同步进行(Hatfield et al.，1992)。产卵洄游过程中，洄游、栖息地改变等因素将改变个体生长速度，个体生长逐渐放缓，到达产卵场时则完全停止生长(Arkhipkin，1993；Schwarz and Perez，2010)。个体性腺成熟的胴长：雌性个体为 195～330mm，雄性个体为 142～250mm(Haimovici et al.，1998)。一般地，夏季产卵群体成熟个体较小，雌雄个体的初次性成熟胴长分别为 195.1mm 和 141.7mm(Brunetti et al.，1991)；冬季产卵群体成熟个体较大，雌雄个体的初次性成熟胴长分别为 330mm 和 250mm(Rodhouse and Hatfield，1990)。近年来，部分学者报道了巴西南部海域阿根廷滑柔鱼小个体群体雌雄个体的初次性成熟胴长分别为 180～201mm 和 156～163mm，大个体群体的雌雄个体初次性成熟胴长则分别为 292mm 和 212mm(Schwarz and Perez，2010；Perez et al.，2009；Bainy and Haimovici，2012)。

3. 生殖能量主要来自摄食

在性腺发育过程中，阿根廷滑柔鱼的肌肉组织生长和性腺组织发育是同步的，尤其是在索饵育肥场期间(Hatfield et al.，1992；Rodhouse and Hatfield，1992)。生殖能量来源于食物摄食，自身储备能量仅少部分用于生殖系统组织的生长发育(Hatfield et al.，1992；Clarke et al.，1994；Schwarz and Perez，2010)。在性腺生理性成熟后，雌性个体的生殖能量主要源于自身储备，占其体重的 20%(Rodhouse and Hatfield，1990；Crespi-Abril and Barón，2012)；而雄性个体来自存储能量的生殖投入约占体重的 8%(Rodhouse and Hatfield，2012)。在索饵场后期，雌性个体摄食获得能量中仅 15%的能量用于性腺组织生长发育，而雄性个体则只有 5%，大部分能量直接存储于消化腺或用于肌肉组织生长(Clarke et al.，1994)。

4. 繁殖期时间短、洄游产卵

在阿根廷滑柔鱼的周年生活史中，超过 80%的时间处于稚鱼生长发育期，成熟产卵的时间仅占 10%~20%(Schwarz and Perez，2013)。一般地，性腺成熟并产卵的持续时间少于 60d(Arkhipkin and Laptikhovsky，1994；Brunetti et al.，1991)。大部分群体在西南大西洋饵料丰富的大陆架水域或近海水域索饵育肥并发育成熟，然后向大陆坡水域洄游并产卵，受精卵随福克兰海流向北移送，在与巴西海流交汇处附近孵化(Brunetti et al.，1998；Hatanaka et al.，1985；Arkhipkin，1993；Crespi-Abril et al.，2010)。

5. 亲体繁殖力高、分批次排卵

阿根廷滑柔鱼雌性个体的卵子直径小(0.96~1.04mm)，潜在繁殖力很高，最低潜在繁殖力为 7.5 万个卵子，最大潜在繁殖力可达 120 万个卵子；同时，潜在繁殖力与亲体大小密切相关，平均胴长为 200mm 的亲体，其潜在繁殖力为 15万个卵子；平均胴长为 260mm 的亲体，其潜在繁殖力为 27 万个卵子；平均胴长为350mm 的亲体，其潜在繁殖力达 76 万个卵子；实际排卵量占潜在繁殖力的 60%~70%；繁殖季节批次排卵，每次排卵的数量逐次递减(Rodhouse and Hatfield，1990；Laptikhovsky and Nigmatullin，1993；Santos and Haimovici，1997)。

6. 底层产卵，孵化适温要求高

阿根廷滑柔鱼雌性亲体深潜海底产卵，根据水温情况，6~16d 孵化，孵化率达 95%，但仔鱼期到稚鱼期的死亡率比较高，达 19.2%；稚鱼到成鱼的死亡率则比较低，在 1.5%左右(Arkhipkin，1992；Sakai et al.，1998)。水温是卵子成功孵化的主要因素。实验室实验发现，水温低于 11.5℃时阿根廷滑柔鱼受精卵将不能成功孵化(Sakai et al.，1998)。最理想的孵化环境是锋面水域少，水温在16~18℃(Waluda et al.，2001)。

然而，关于阿根廷滑柔鱼种群的产卵策略研究仅限于相似种群的推测。如，Rocha 等(2001)根据隶属同一科的科氏滑柔鱼(*Illex coindetti*)产卵策略研究，推断阿根廷滑柔鱼的产卵策略为间歇终端产卵型；Laptikovsiky 等(1993)根据种群繁殖力高、卵子小、批次产卵等特点，推测其为间歇性产卵，是典型的 r 策略。

综上所述，阿根廷滑柔鱼具有生命周期短、生长快、洄游等特点，并且群体环境适应敏感。在生殖发育方面，主要表现为生殖系统一次发育、一次繁殖，雄性提前发育，但是雌雄个体同时功能性成熟。然而，关于该群体的产卵策略研究主要基于相似种群策略的推测或 r/K 策略的选择。具体的基于卵巢发育和卵母细胞发生及生殖投入的产卵策略基础研究尚处于空白。

1.4　研究内容和框架体系

本书以我国鱿钓渔船主要捕捞种群——阿根廷滑柔鱼为研究对象，结合国内外学者在头足类繁殖策略研究方面的基础及其最新进展，从卵巢发育及卵子发生的组织学和形态学分析，从亲体繁殖力及最大批次产卵数的统计和比较，从性腺发育过程中个体生长及其能量分配和生殖投入的研究分析，从肌肉组织和性腺组织能量积累与海洋环境因子关系的广义可加模型（GAM）分析，进行阿根廷滑柔鱼产卵策略的基础研究，为全面掌握阿根廷滑柔鱼繁殖生物学提供理论基础，也为可持续利用和科学管理该种群资源提供科学基础。本书的主要研究内容包括以下几部分。

1. 阿根廷滑柔鱼的繁殖生物学

通过生物学数据测定，修正生殖系统发育的目测成熟度等级，分析样本的雌雄个体组成、性别组成、性腺发育组成以及性腺指数等，掌握采集样本的基础生物学特征。同时，在生物学特征分析的基础上，结合采集海域分布和以往的研究报道，探讨其产卵周期，为产卵策略研究提供基础。

2. 繁殖力及其排卵类型

基于生殖系统的目测成熟度等级划分，计数并测定个体自生理性发育期开始的潜在繁殖力、相对繁殖力和潜在繁殖投入指数，确定卵巢卵母细胞的形态生长模式和输卵管最大载卵量。同时，测定个体自生理性成熟期开始的每个性腺成熟等级的卵巢卵母细胞和输卵管成熟卵子的尺寸，分析不同性腺成熟等级的卵母细胞大小分布和卵子大小分布，探讨卵母细胞的排卵类型。

3. 卵巢发育及卵母细胞成熟模式

通过卵巢组织学切片制备，观察和分析卵巢卵母细胞的发生，科学描述卵母细胞发育生长特征，确定卵巢卵母细胞的发育时序。在分析卵母细胞发育时序的基础上，探寻不同发育时期卵巢的时相卵母细胞个数占比和面积占比分布规律，确定卵巢发育时期，并探究卵母细胞的发育模式。此外，在卵巢组织切片分析的基础上，测定时相卵母细胞直径，分析不同发育时期卵巢的卵母细胞大小分布规律，确定卵巢卵母细胞的产卵式样以及成熟类型。

4. 卵巢发育的海洋环境响应关系

基于卵巢时期的确定和时相卵母细胞的定义划分，利用 GAM 模型进行卵巢发育与海表面温度、叶绿素浓度和海平面高度等海洋环境生态因子的关系分析，并结合采样月份、采样海域等参数，初步探讨卵巢发育的海洋环境响应关系。

5. 肌肉组织和性腺组织能量积累及其分配

利用组织能量密度测定技术，测定胴体和足腕等肌肉组织，卵巢、缠卵腺和输卵管复合体等性腺组织的组织能量密度，计算肌肉组织和性腺组织的组织能量。在组织能量测定的基础上，分析不同性腺成熟度等级的肌肉组织、性腺组织的能量积累变化及其分配和占比，探讨阿根廷滑柔鱼的生殖投入方式。

6. 生殖投入的海洋环境响应关系

在肌肉组织和性腺组织能量积累变化的分析基础上，利用 GAM 模型分析组织能量积累与海表面温度、叶绿素浓度和海平面高度等海洋环境生态因子的关系，并结合采样月份、采样海域等参数，初步探讨生殖投入的海洋环境响应关系。

本书的研究框架体系如图 1-5 所示。

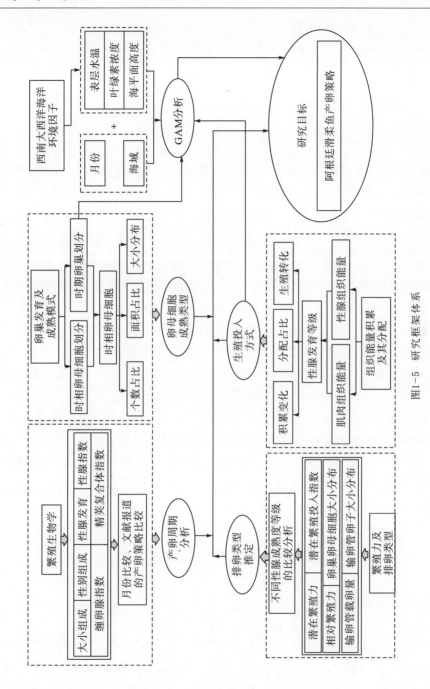

图 1-5 研究框架体系

第 2 章　阿根廷滑柔鱼繁殖生物学

阿根廷滑柔鱼(*Illex argentinus*)为大洋性浅海柔鱼科属种,广泛分布在 22°~ 54°S 的西南大西洋大陆架和大陆坡海域,其资源尤以 35°~52°S 海域丰富 (Haimovici et al.,1998;Brunetti et al.,1998),是西南大西洋最为重要的头足类资源(Bazzino et al.,2005),也是西南大西洋生态系统重要的营养指标之一 (Arkhipkin,2012)。该种类具有生命周期短、生长速度快、季节性洄游等特点 (Brunetti,1988;Arkhipkin,2000),并且种群结构复杂,种群之间在成鱼大小、产卵场所、产卵季节等方面存在显著性差异(Crespi-Abril et al.,2008)。

阿根廷滑柔鱼作为我国大洋性鱿钓渔业的重要钓捕对象(陈新军等,2012),全面掌握该种群的繁殖生物学是合理开发和利用该资源的重要前提。目前,国内外学者已经对西南大西洋阿根廷滑柔鱼的渔业生物学特性进行了比较丰富的研究 (Santos and Haimovici,1997),但近期的研究相对集中于巴西外海(Bainy et al., 2012)及阿根廷沿海海域(Crespi-Abril et al.,2010;Crespi-Abril and Trivellini, 2011),国内学者的研究则主要集中在年龄生长等方面(陆化杰等,2012)。为此,本书根据 2012 年 12 月~2013 年 3 月和 2014 年 4~6 月我国鱿钓渔船在西南大西洋 41°~47°S 附近作业海域采集的渔获样本,进行阿根廷滑柔鱼个体大小组成、性腺发育等方面的繁殖生物学研究。

2.1　材料和方法

2.1.1　样本采集海域和时间

阿根廷滑柔鱼样本来自阿根廷公海海域作业的"沪渔 908"鱿钓渔船。时间为 2012 年 12 月下旬末、2013 年 1~2 月及 3 月上旬和 2014 年 4~6 月,采集海域为 41°08′~47°58′S、57°03′~60°55′W。样本经冷冻保藏运回实验室进行解剖学分析。实验室共解剖分析了雌性样本 651 尾,雄性样本 564 尾,其中,2012~2013 年度样本 729 尾(♀=429,♂=300),2014 年度样本 486 尾(♀=226,♂=260)。具体采样地点和样本月份见图 2-1。

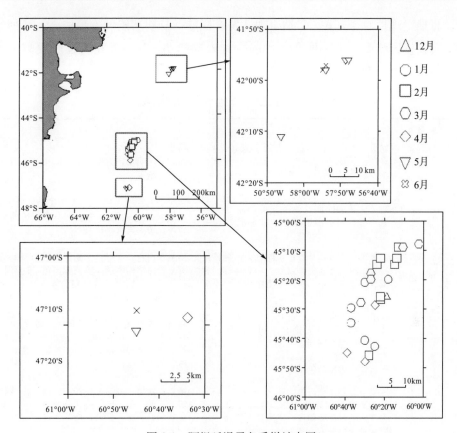

图 2-1 阿根廷滑柔鱼采样站点图

2.1.2 生物学测定

样本在实验室解冻后进行生物学测定，测定项目包括胴长（mantle length，ML）、体重（body weight，BW）、性腺成熟度（maturity stage，MAT）、卵巢重（ovary weight，OW）、精巢重（testis weight，TeW）、缠卵腺重（nidamental gland weight，NGW）、输卵管复合体重（含输卵管和卵管腺）（oviducal complex weight，OCW）、精荚复合体重（含精荚器、输精管、精荚囊和阴茎）（spermatophoric complex weight，SCW）。胴长测定精确到 1mm，缠卵腺长测定精确到 0.01mm，体重、净重测定精确到 1g，卵巢重、精巢重、缠卵腺重、精荚复合体重和输卵管系统重等测定精确到 0.01g。

阿根廷滑柔鱼样本生殖系统发育划分，以 Arkhipkin（1992）和 ICES（2011）性腺成熟度划分标准为基础，结合笔者的观察结果进行描述，共划分为Ⅰ、Ⅱ、Ⅲ、Ⅳ、Ⅴ、Ⅵ、Ⅶ和Ⅷ等八个时期（表 2-1）。其中，Ⅰ期未发育，Ⅱ期开始发育，Ⅲ期生理性发育，Ⅳ～Ⅴ期生理性发育成熟，Ⅵ期功能性发育成熟，Ⅶ期排卵，Ⅷ期排卵结束。Ⅰ～Ⅲ期为性腺发育未成熟期，Ⅳ～Ⅵ期为性腺发育成熟期，Ⅶ期为繁殖期，Ⅷ期为繁殖后期。

表 2-1　阿根廷滑柔鱼性腺成熟度划分标准

性腺成熟度	雌性（♀）	雄性（♂）
Ⅰ	卵巢小，白色，半透明，没有颗粒结构，肉眼看不见卵母细胞。缠卵腺和卵管腺小。输卵管平直，透明	精巢小，白色，半透明。精荚复合体细薄，半透明状，肉眼看不见输精管，精荚囊没有精荚
Ⅱ	卵巢变大变厚，白色，可见颗粒结构，肉眼可见很小的卵母细胞。缠卵腺变大变厚，覆盖部分内脏器官。输卵管迂回弯曲，可见白色褶皱结构	精巢变大变厚，白色。精荚复合体白色，可见细小的白色输精管。阴茎突出精荚复合体。精荚囊没有精荚
Ⅲ	卵巢显著增大，草青色，内含大量拥挤的卵母细胞。缠卵腺覆盖整个内脏。输卵管变宽，管壁变厚，可见空泡结构，但不见卵子	精巢灰白色，占据整个胴体腔后半部。精荚复合体结构清晰。输精管白色，迂回曲折，变大。精荚囊可见白色颗粒物和（或者）少量发育成熟的精荚
Ⅳ	卵巢完全发育成熟，青黄色，占据整个胴体腔后部，可见大量大小均一的卵母细胞。缠卵腺和卵管腺膨大，白色。输卵管内可见成熟卵子，但不膨大，卵子数量占输卵管总体积的比例<10%	精巢完全发育成熟，淡黄色。输精管白色，管径大。阴茎延长，凸出于内脏膜。精荚囊可见成熟精荚，精荚数量占精荚囊体积的比例<20%
Ⅴ	卵巢形态如Ⅳ期。缠卵腺进一步增大，前端几乎达到胴体腔边缘。输卵管开始膨大，并覆盖部分卵巢。成熟卵子数量占输卵管总体积的10%～60%	精巢、输精管的形态如Ⅳ期。精荚囊显著增大，前、中、后三段区分明显，并可见成熟的精荚整齐排列，精荚数量占其体积的20%～50%
Ⅵ	卵巢、缠卵腺的形态如上。成熟卵子大量聚集输卵管腔。输卵管显著膨胀，覆盖整个卵巢，两者已无法分辨	精巢、输精管、精荚囊的形态如上。精荚囊进一步增大，50%～100%的体积充满精荚。阴茎延长，凸出于左鳃基部，但未见有精荚
Ⅶ	两鳃基部有大量精荚。卵巢大小与Ⅳ期相当。输卵管饱满度则如同Ⅵ期。缠卵腺开始变灰、松软	精巢和精荚复合体松软，灰白色。精荚囊前段、中段充满精荚，后段精荚数量明显变少。阴茎延长，可见正在外排的精荚
Ⅷ	卵巢萎缩状、松软，少量卵母细胞附着于中央组织。缠卵腺和卵管腺松软	精巢萎缩，精荚复合体松软。精荚囊没有精荚或仅有少量精荚

2.1.3　数据分析

根据阿根廷滑柔鱼样本个体大小，以胴长 10mm 为组距，以体重 30g 为组距，分别进行样本个体胴长、体重的大小分布分析。

同时，根据阿根廷滑柔鱼样本的采集月份及其性腺成熟度，进行该样本性别组成、性腺发育组成、性腺指数（gonadosomatic index，GSI）、缠卵腺指数（nidamental gland index，NGI）、精荚复合体指数（spermatophoric complex index，SCI）等（Silva et

al.，2002；Serra-Pereira et al.，2011；Zorica et al.，2011；Rodrigues et al.，2012)
的分析比较，探讨该种群的繁殖生物学特性。其中，

性腺指数：

$$GSIF=(OW+NGW+OSW)/EWF×100\%$$
$$GSIM=(TeW+SCW)/EWM×100\%$$

缠卵腺指数：

$$NGI=NGW/EWF×100\%$$

精荚复合体指数：

$$SCI=SCW/EWM×100\%$$

式中，GSIF 为雌性的性腺指数；GSIM 为雄性的性腺指数；EWF 为雌性静重
(g)；EWM 为雄性静重(g)；NGI 为雌性的缠卵腺指数；SCI 为雄性的精荚复合
体指数；OW 为卵巢重(g)；NGW 为缠卵腺重(g)；OSW 为输卵管系统重(g)；
TeW 为精巢重(g)；SCW 为精荚复合体重(g)。

数据分析及其处理采用 Excel 2007 和 SPSS 20.0 软件进行。

2.2　研　究　结　果

2.2.1　个体大小组成

阿根廷滑柔鱼雌性个体胴长为 158~344mm，体重为 72~814g。个体大小组
成呈两个峰值区间分布，第一个峰值区为胴长 190~230mm，体重 100~200g，
以 2012~2013 年样本个体为主，占比 61.22%；第二个峰值区间为胴长 260~
300mm，体重 490~640g，均为 2014 年样本，占比 20.92%[图 2-2(a)、(c)]。
其中，2012 ~ 2013 年雌性个体胴长为 158 ~ 266mm，平均值为 211.94(±
17.42)mm；体重为 72~344g，平均值为 163.33(±47.88)g；2014 年雌性个体胴
长为 214~344mm，平均值为 271.66(±28.34)mm；体重为 214~814g，平均值
为 484.52(±156.13)g；两个时期个体大小存在显著性差异(ANOVA：DML-F=
1107.08，$P=0.000$；BW-F=1530.93，$P=0.000$)。

雄性个体胴长为 140~289mm，体重为 56~655g[图 2-2(b)、(d)]。其中，
2012~2013 年样本个体以小个体为主，胴长为 140~248mm，平均值为 202.79
(±19.17)mm；体重为 56~362g，平均值为 154.70(±48.54)g；2014 年样本个
体较大，胴长为 205~289mm，平均值为 244.73(±17.30)mm；体重为 197~
655g，平均值为 390.18(±93.36)g；两个时期个体大小也存在显著性差异
(ANOVA：DML-M=537.17，$P=0.000$；BW-M=1249.41，$P=0.000$)。

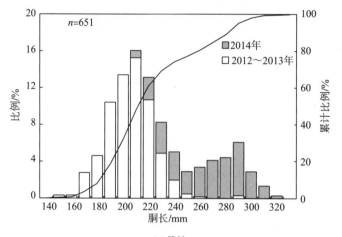

(a) 雌性

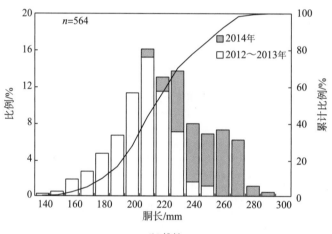

(b) 雄性

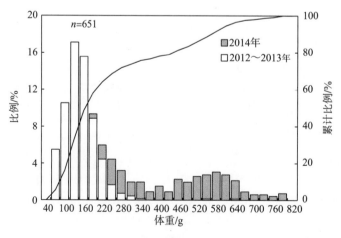

(c) 雌性

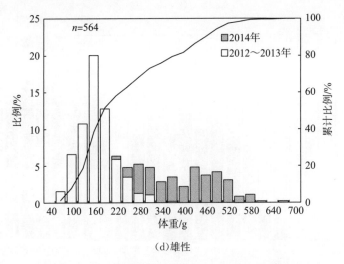

(d)雄性

图 2-2　阿根廷滑柔鱼个体的胴长和体重组成分布

2.2.2　性别组成

阿根廷滑柔鱼雌雄比例为1.16∶1，雌性个体略占多，但是雌雄个体占比不存在显著性差异（$\chi^2=3.324$，$P=0.068$，df=1）。不同月份间，雌雄比例存在显著性差异（$\chi^2=125.746$，$P=0.000$，df=6）[图 2-3(a)]。在 2012 年 12 月和 2013年 1 月，雌雄比例分别为5.33∶1 和3.03∶1，雌性个体数量占绝对优势。随后，雌性个体数量下降，在2013 年 3 月达到最低，雌雄比例为0.39∶1，雌性个体仅占28.51%。在 2014 年 4 月、5 月、6 月，均以雌性个体数占多，雌雄比例分别为1.31∶1、1.23∶1 和1.89∶1。

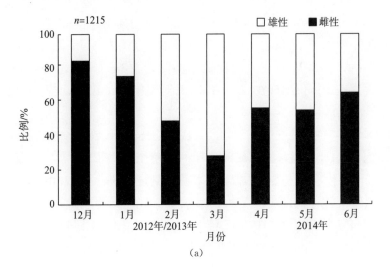

(a)

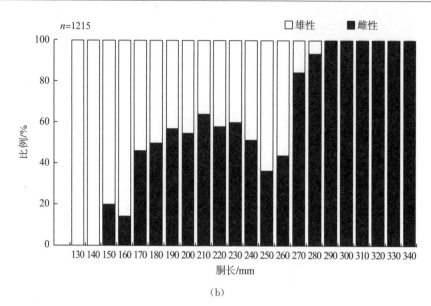

(b)

图 2-3　不同月份和胴长组的阿根廷滑柔鱼雌雄个体组成

同时，不同胴长组间，雌雄比例的差异性也很显著（$\chi^2 = 120.929$，$P = 0.000$，df=21）。其中，雄性个体在胴长<180mm 时和 250～260mm 时所占比例较高，而雌性个体在胴长>260mm 时占有相对高的比例[图 2-3(b)]。

2.2.3　性腺发育组成

解剖学分析显示，样本的性腺成熟度在 I～Ⅶ期，繁殖后（Ⅷ期）的个体没有发现。其中，雌性样本中，性腺成熟度 I～Ⅲ期的未成熟个体占 67.33%，性腺成熟度Ⅳ～Ⅵ期的成熟个体占 29.77%，性腺成熟Ⅶ期的繁殖个体占 2.90%。随着月份推移，未成熟个体比例在 2012 年 12 月至翌年 2 月时递增，在 2014 年 4～6 月时逐渐递减。成熟个体比例在 2012 年 12 月时最小，仅为 0.31%；次之为 2014 年 4 月，为 1.83%；在 2012 年 1 月时比例最高，为 9.16%；次之为 2014 年 5 月，为 9.01%。繁殖个体仅出现在 2012 年 12 月至翌年 3 月，且以 1 月比例最高，为 1.37%[图 2-4(a)]。

雄性样本中，性腺成熟度 I～Ⅲ期的未成熟个体占 40.22%，性腺成熟度Ⅳ～Ⅵ期的成熟个体占 47.69%，性腺成熟Ⅶ期的繁殖个体占 12.09%。与雌性样本相同，随着月份推移，未成熟个体数量在 2 月达到最大值，占 19.12%，而 12 月没有发现未成熟个体；在 2014 年 4 月、5 月、6 月，比例递减，分别为 3.30%、2.64%和 0.44%。成熟个体在 2012 年 12 月至翌年 3 月，数量递增，并在 3 月时达到最大值，为 8.35%；在 2014 年 4 月、5 月、6 月，数量则递减，分别为

12.53%、11.43%和5.71%。繁殖个体在2013年3月份最多，数量占7.91%，2012年12月和2014年4月、5月、6月均没有发现繁殖个体[图2-4(b)]。

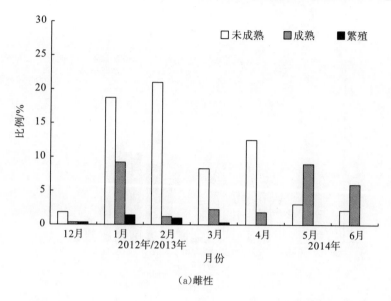

(a)雌性

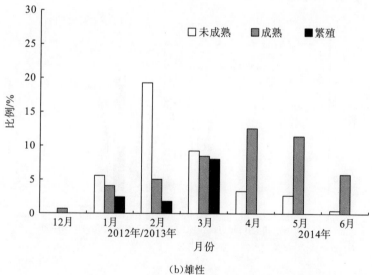

(b)雄性

图2-4　不同月份不同性腺成熟度组别阿根廷滑柔鱼的组成

2.2.4　成熟个体大小组成

样本的雌性成熟个体最小胴长为176mm，最大胴长为325mm[图2-5(a)]。个体大小呈两个峰值区间分布，第一个峰值区间为190～240mm，占比为

12.90%，均为2012年12月至翌年3月采集个体；第二个峰值区间为260～300mm，占比为16.74%，均为2014年度采集个体。产卵个体大小呈单峰型分布，以210～230mm的个体为主，占比为1.38%［图2-5(a)］。

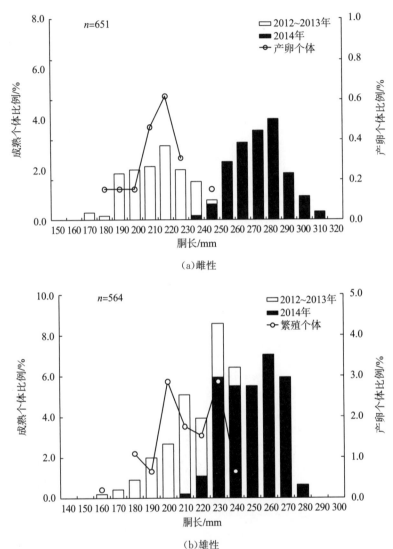

图2-5　不同胴长组阿根廷滑柔鱼性腺发育成熟个体及产卵个体组成

雄性成熟个体最小胴长为161mm，最大胴长为289mm［图2-5(b)］。成熟个体大小呈多峰值区间分布，第一个峰值区间为190～220mm，占比为10.35%，以2012～2013年采集的样本为主；第二峰值区间为230～240mm，占比为14.98%，以2014年采集的样本为主；第三个峰值区间为250～270mm，占比为18.50%，均为2014年采集的样本。繁殖个体最小胴长为162mm，最大胴长为

248mm，呈双峰值区间分布，分别为 190～210mm 和 220～240mm，占比分别为 4.62％和 4.60％[图 2-5(b)]。

2.2.5　性腺指数

阿根廷滑柔鱼雌性个体性腺指数为 0.06％～17.80％，平均值为 5.34％± 4.71％。不同月份，平均性腺指数存在显著差异($F = 85.232$，$P = 0.000$，$n = 651$)[图 2-6(a)]。其中，2 月性腺指数值最小，为 (1.31±2.49)％；最大值见于 5 月，为 (10.40±2.89)％。同时，结合 Turkey HSD 检验结果显示，性腺指数月份分布存在两个相对高值时期，第一高值时期为 12 月至翌年 1 月，性腺指数平均值为 (6.22±4.21)％；第二高值时期为 5～6 月，性腺指数平均值为 (10.33±2.78)％。

雄性个体性腺指数为 0.93％～15.30％，平均值为 (6.38±2.32)％。与雌性个体类似，其不同月份间的性腺指数平均值存在显著差异($F = 41.292$，$P = 0.000$，$n = 564$)[图 2-6(b)]。其中，12 月和 5 月、6 月的性腺指数相对较大，平均值分别为 (7.62±1.14)％、(8.19±1.52)％和 (8.45±0.98)％；2 月性腺指数最小，平均值为 (3.68±1.92)％。

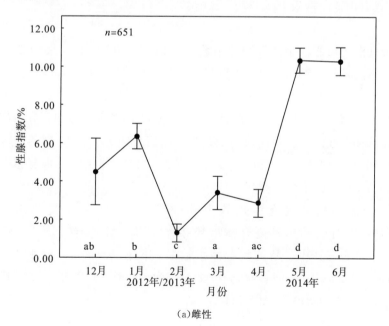

(a)雌性

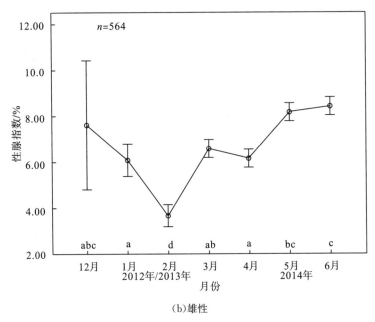

(b)雄性

图 2-6　不同月份阿根廷滑柔鱼性腺指数均值分布
T 型线条表示均值 95％置信区间，"a，b，…"表示 Turkey HSD 的检验结果

2.2.6　缠卵腺指数和精荚复合体指数

阿根廷滑柔鱼雌性个体缠卵腺指数为 0.015％~12.66％，平均值为 3.69±3.54％。不同月份，平均缠卵腺指数存在显著差异($F=19.439$，$P=0.000$，$n=651$)，缠卵腺指数最小值见于 2 月份，平均值为 (0.79±1.64)％；最大值见于 5月份，为 (6.54±2.32)％[图 2-7(a)]。Turkey HSD 检验结果显示，缠卵腺指数月份分布同样存在两个相对高值时期，第一高值时期为 12 月至翌年 1 月，缠卵腺指数平均值为 (4.93±3.72)％；第二高值时期为 5~6 月，缠卵腺指数平均值为 (6.44±2.18)％[图 2-7(a)]。

雄性个体的精荚复合体指数为 0.089％~6.31％，平均值为 (2.12±1.28)％。不同月份的精荚复合体指数亦存在显著性差异($F=37.851$，$P=0.000$，$n=564$)。其中，精荚复合体指数最大值在 5~6 月，分别为 (2.90±0.67)％和 (3.22±0.60)％，次之在 12 月，为 (2.61±1.23)％，2 月份的指数最小，为 (0.77±0.87)％[图 2-7(b)]。

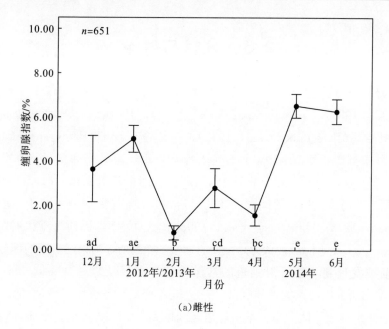

（a）雌性

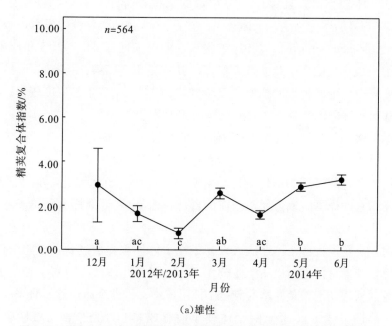

（a）雄性

图 2-7　不同月份阿根廷滑柔鱼缠卵腺指数和精荚复合体指数均值分布

T 型线条表示均值 95％置信区间，"a，b，…"表示 Turkey HSD 的检验结果

2.3　分析与讨论

一般地，阿根廷滑柔鱼分布于西南大西洋 22°~54°S 的大陆架和大陆坡海域（Hatanaka，1986；Haimovici and Perez，1991），其生活史与巴西海流和福克兰海流密切相关（Parfeniuk et al.，1992），个体全年产卵（Bainy and Haimovici，2012），并根据产卵季节不同可划分为春季产卵群、夏季产卵群、秋季产卵群和冬季产卵群（Arkhipkin and Scherbich，1991）。阿根廷滑柔鱼的产卵活动与巴西海流、福克兰海流，以及西南大西洋的大陆架、大陆坡海域的环境条件密切相关（Hatanaka，1988；Haimovici et al.，1995），巴西外海的巴西海流和福克兰海流交汇处海域及其附近海域被认为是主要的繁殖产卵场所，阿根廷沿海的部分港湾海域也逐渐被发现是阿根廷滑柔鱼的常年繁殖产卵场所之一（Crespi-Abril et al.，2013）。本书研究的西南大西洋大陆架和大陆坡海域（41°~47°S）阿根廷滑柔鱼样本大小呈两个峰值区间分布，第一峰值区间以 2012 年 12 月至翌年 3 月时期的个体为主，个体较小，并且存在一定数量的繁殖产卵个体；第二峰值区间则以 2014 年 4~6 月的个体为主，个体较大，并且 5~6 月的个体性腺发育以成熟期为主。Arkhipkin 和 Scherbich（1991）曾报道，西南大西洋 41°~42°S 和位于 45°~47°S 公海海域存在四个季节的产卵群体，其中夏季产卵孵化群有位于 41°~42°S 生长速度较快、个体较大的陆架坡海域群体和 45°~47°S 生长速度较慢、个体较小的大陆架海域群体，冬季产卵孵化群则主要为位于 45°~47°S 个体大的大陆架海域群体。Brunetti 等（1998）也曾类似报道，在西南大西洋 39°~51°30′S 的大陆架海域，41°S 以北和 45°S 以南的群体主要为冬季产卵孵化群，40°30′~46°30′S 大陆架内侧及过渡海域的群体则主要为夏季产卵孵化群。因此，本书研究的 12 月至翌年 3 月的样本应该为夏季产卵的群体，而 5~6 月的样本则属于冬季产卵的群体。

同时，头足类种群个体往往表现为雄性个体性腺提前发育，成熟个体较小，雌性个体性腺发育延后，成熟个体较大（Leporati and Pecl，2008）。研究亦发现，本章实验的阿根廷滑柔鱼样本的雌雄个体组成中，雄性个体性腺发育早于雌性个体，其中雌性个体中仅 32% 的个体处于性腺成熟和繁殖期，而雄性个体中近 60% 的个体处于性腺成熟期和繁殖期；同时，雌性个体的胴长和体重等均大于雄性个体，并且雌性个体在胴长较大时占有较高的比例，而雄性个体则在胴长较小时占有较高的比例。结果与 Schwarz 和 Perez（2010）、Perez 等（2009），以及 Santos 和 Haimovic（1997）等的研究相一致。这可能是雄性个体先行性腺发育引起个体生长率降低，并导致最终个体大小小于雌性个体的缘故（Jackson et al.，

2004)。同时，这也可能与该种群的 r 型繁殖策略（Laptikhovsky and Nigmatullin，1993)密切相关，因为较大的雌性个体具有较高的生育能力(Elgar，1990)，从而提高其在可变的大洋环境中繁殖后代的能力（Boyle and Rodhouse，2005）。

头足类雌雄个体比例是种群繁殖时间及其繁殖产卵场所确定的重要参考指标之一（Boyle and Rodhouse，2005；Hall and Hanlon，2002；Lourenço et al.，2012)，并且在繁殖交配早期，以雄性个体占优（Boyle and Rodhouse，2005）。如，繁殖期的澳大利亚巨乌贼（*Sepia apama*）（Hall and Hanlon，2002）、真蛸（*Octopus vulgaris*）（Lourenço et al.，2012)等属种，雌雄个体比例显著地低于雄性个体，其中繁殖期的澳大利亚巨乌贼的雌雄比例仅为 1∶11(Hall and Hanlon，2002)。然而，本实验的阿根廷滑柔鱼样本雌雄组成结构，总体上表现为雌性个体数量多于雄性，与 Santos 和 Haimovici(1997)、刘必林等(2008)的研究结果一致。同时，随着月份推移，12 月至翌年 3 月雌性个体占比逐月下降，4~6 月雌雄比例则相对稳定，雌性占优。这可能与两个时期样本个体分别来自不同产卵孵化季节的群体有关，而且个体在生命周期最后阶段进行索饵育肥场—产卵场的"短距离洄游"或"准持久性(quasi-permanent)的向岸洄游产卵"的繁殖策略也对雌雄结构组成有一定影响，因为雄性个体一般比雌性个体提前 2~3 周离开索饵场开始繁殖洄游。

此外，研究还在 12 月至翌年 3 月的样本中发现部分雌性个体处于繁殖产卵期，雄性个体较高；而在 4~6 月的样本中未发现繁殖个体，并且 5 月、6 月的未成熟雌雄个体显著减少，成熟个体比例增多。结果也再次说明这两个时期的样本来自不同的产卵季节，前者可能更多地来自夏季产卵群体，该季节产卵群体主要在西南大西洋陆架过渡海域的 12 月至翌年 2 月产卵；后者可能来自冬季产卵的大陆架海域群体和大陆坡海域群体，该季节产卵群体的性腺成熟盛期在 4~5 月，繁殖产卵期在 7~8 月(Arkhipkin，2000)，并且该群体在离开索饵场前不进行繁殖交配活动。

在头足类属种中，性腺指数被广泛用于性腺发育成熟的指标之一(Lipiński and Underhill，1995；Laptikhovsky et al.，2008)，其反映了个体的性腺发育周期及其成熟变化。本实验的阿根廷滑柔鱼样本的性腺指数和相关附属性腺组织指数，随着月份推移，自 12 月至翌年 6 月呈两个高峰值区间分布，第一个区间在 12 月至翌年 1 月，第二个区间则在翌年 5~6 月，说明 12 月至翌年 1 月和 5~6 月为阿根廷滑柔鱼的繁殖产卵时间。同时，该属种具有生命周期短、产卵后便死去的生活史特点，也一定程度说明了本研究的实验样本来自两个不同的繁殖产卵群体。

　　性腺指数也可以反映个体生殖投入及其产卵策略选择。Rodhouse 和 Hatfield(1992)、Hatfield 等(1992)和 Clarke 等(1994)曾报道，阿根廷滑柔鱼的生殖投入主要来源于饵料摄食，Crespi-Abril 和 Barón(2012)也发现阿根廷滑柔鱼仅少量存储能量用于性腺生长发育。本书研究结果也显示，阿根廷滑柔鱼雌性个体的性腺指数最大值约等于 18%，结果与 Rodhouse 和 Hatfield(1990)的相一致。这个生殖投入高于头足类中多次产卵者的双柔鱼(*Nototodarus gouldi*)和拟乌贼属(*Sepioteuthis*)等属种，其成熟个体的性腺指数平均值在 10%左右。而低于瞬时终端产卵者强壮桑椹乌贼(*Moroteuthis ingens*)和大西洋耳乌贼(*Sepiola atlantica*)(Rodrigues et al.，2012)等属种，其性腺成熟个体的性腺指数最高值可达 40%以上。说明阿根廷滑柔鱼的产卵策略可能为间歇性产卵者，这些属种的生殖投入主要来自饵料摄食，但性腺发育过程中存储的能量将部分用于性腺组织的生长发育并以牺牲个体生长为代价(Collins et al.，1995；Smith et al.，2005)。

　　综合所述，从雌雄个体大小组成、性别组成、性腺发育组成等分析结果，结合采集海域分布和以往的研究报道等情况(Crespi-Abril and Barón，2012)，本书研究再次证明 12 月至翌年 2 月、5～6 月是阿根廷滑柔鱼的两个繁殖产卵期。同时，结合性腺指数等分析显示，阿根廷滑柔鱼可能属于间歇性产卵者，生殖投入高于多次产卵者而低于瞬时终端产卵者。

第 3 章　繁殖力及其排卵类型的研究

阿根廷滑柔鱼(*Illex argentinus*)生命周期短，最大年龄为 1 年左右；其生长速度快，雌性生长速度大于雄性；其种群结构复杂，种群之间在成鱼大小、产卵场所、产卵季节等方面存在显著性差异。目前，国内外学者对西南大西洋阿根廷滑柔鱼繁殖力的研究发现，其种群繁殖力较高、卵子长径小、繁殖季节批次排卵，推测其为间歇性产卵模式。然而，研究的种群相对集中于秋冬季或冬春季产卵种群的个体，并且对卵巢卵母细胞生长发育的研究鲜有报道。同时，物种个体繁殖力作为繁殖潜力评估的关键指标之一，既是了解产卵群体生物量及其补充量之间关系的关键，又是独立于渔业生产行为而进行产卵群体生物量评估的基础 (Witthames et al. ，2009)。为此，本章根据 2012 年 12 月至 2013 年 3 月我国鱿钓渔船渔汛期间采集的样本，进行阿根廷滑柔鱼的繁殖力、卵巢卵母细胞长径大小分布和输卵管卵子长径大小分布等研究，分析卵巢卵母细胞的成熟排卵类型。

3.1　材料和方法

3.1.1　样本采集

阿根廷滑柔鱼样本来自阿根廷公海海域作业的"沪渔 908"鱿钓渔船。时间为 2012 年 12 月至 2013 年 3 月，采集海域为 $45°08'\sim45°46'$S、$60°03'\sim60°37'$W（见第 2 章 2.1 节"材料和方法"）。样本经冷冻保藏运回实验室，进行生物学实验分析。

样本在实验室解冻后进行解剖分析，测定其胴长(mantle length，ML)、体重(body weight，TW)、性腺成熟度(maturity stage，MAT)、卵巢重量(ovary weight，OvaW)和输卵管重量(oviduct weight，OviW)。胴长测定精确到 1mm，体重测定精确到 1g，卵巢重量和输卵管重量精确到 0.1mg。性腺成熟度等级划分为Ⅰ、Ⅱ、Ⅲ、Ⅳ、Ⅴ、Ⅵ、Ⅶ和Ⅷ等八个时期。其中，Ⅰ期未发育，Ⅱ期开始发育，Ⅲ期生理性发育，Ⅳ～Ⅵ期性腺发育成熟，Ⅶ期交配排卵，Ⅷ期交配排卵结束。Ⅰ～Ⅲ期为性腺发育未成熟期，Ⅳ～Ⅵ性腺发育成熟期，Ⅶ期为繁殖期，Ⅷ为繁殖后期。

　　滑柔鱼属的种类个体自卵黄卵母细胞发生便停止新生卵母细胞生长，长径小于 0.05mm 的卵母细胞在生理性发育前期便不复存在，并且在生理性发育后期直至繁殖产卵前期卵母细胞数保持不变(Laptikhovsky and Nigmatullin，1992)。因此，本章研究自性腺发育成熟期(Ⅲ期)开始，选取 19 尾胴长 180~266mm、体重 90~283g 的阿根廷滑柔鱼样本进行繁殖力及其卵母细胞生长的研究。其中，性腺生理性发育期(Ⅲ期)卵巢样本 5 个、性腺成熟期(Ⅳ~Ⅵ)卵巢样本 11 个，繁殖产卵期(Ⅶ期)卵巢样本 3 个(表 3-1)。

表 3-1　每克卵巢样本卵母细胞的数目

部位	尾数	数目	平均值	标准差	ANOVA, P
前	19	1679~12114	5977.6	2295.17	
中	19	2027~12114	5482.4	2740.23	$F=0.647, P=0.528$
后	19	2289~13095	5699.6	2616.28	

3.1.2　卵巢卵母细胞计数及其尺寸测定

　　按照卵巢位于胴体腔的前后位置，在前、中、后三个部位切取 150~300mg 的卵巢小样本，测定小样本重量，精确到 0.1mg。前、中、后三个部位卵巢小样本分别置于 100mm 玻璃培养皿，纯净水缓冲摊散卵母细胞，解剖镜(1×~4.5×)下分别计数小样本卵母细胞数。ANOVA 检验显示，每克卵巢前、中、后三个部位小样本的卵母细胞数没有显著性差异($F=0.647$，$P=0.528$)(表 3-1)，因此，三个部位小样本合并推算获取卵巢卵母细胞数目(ovarian oocytes number，OON)。

　　在卵母细胞计数完成后，按照前、中、后三个部位小样本分别随机选取 200~300 个卵母细胞，置于配有数码摄像仪的解剖镜(1×~4.5×)下摄取照片，利用数码摄像仪配套的 Image-pro Plus 5.0 软件测定卵母细胞最大长径(major axis of oocyte length，MAOL)，精确到 0.01mm。

3.1.3　输卵管成熟卵子计数及其尺寸测定

　　按照输卵管位于胴体腔腹面观位置，在输卵管的中间部位切取 100~350mg 的小样本，测定其重量，精确到 0.1mg。输卵管成熟卵子数目的计数与卵巢卵母细胞数目的计数方法相同，由输卵管中间部位小样本成熟卵子数推算并获取输卵管成熟卵子数(oviduct eggs number，OEN)，以及单个成熟卵子重量(egg weight，EW；mg)。

在卵子计数完成后，随机选取 100~200 个成熟卵子，与卵母细胞最大直径的测定方法相同，分别测定成熟卵子的长径(major axis of egg length，MAEL)，精确到 0.01mm。

3.1.4 数据分析

阿根廷滑柔鱼潜在繁殖力(potential fecundity，PF)为卵巢卵母细胞数目和输卵管成熟卵子数目之和(Laptikhovsky and Nigmatullin，1992；Nigmatullin et al.，1995)，单位为千个；相对繁殖力(relative fecundity，RF)为潜在繁殖力与相应个体体重的比值(Laptikhovsky and Nigmatullin，1992)，单位为个/g；潜在繁殖投入指数(index of potential reproductive investment，PRI)为相对繁殖力与相应个体单个成熟卵子重量的乘积。即

$$PF=OON+OEN$$
$$RF=PF/TW$$
$$PRI=RF\times EW$$

基于柔鱼科属种类自生理性发育期开始，卵巢卵母细胞长径均大于 0.05mm，结合 Laptikhovsky 和 Nigmatullin(2005)、Nigmatullin 等(2009)分别对桔背鸢乌贼(*Sthenoteuthis pteropus*)、茎柔鱼(*Dosidicus gigas*)等柔鱼科属种卵母细胞发育的形态分析，本研究进行以 0.05mm 为基点、0.1mm 为组距的卵巢卵母细胞的大小分布分析，确定阿根廷滑柔鱼卵巢卵母细胞的生长发育分布特征及其成熟排卵模式。

数据分析及其处理采用 Excel 2007 和 SPSS 20.0 软件进行处理。

3.2 研 究 结 果

3.2.1 潜在繁殖力

阿根廷滑柔鱼群体的潜在繁殖力分析如下：生理发育期(Ⅲ期)为 48.08×10^3 ~126.43×10^3 个，平均值为 $88.53(\pm28.14)\times10^3$ 个；性腺发育成熟期(Ⅳ~Ⅵ期)为 49.96×10^3 ~134.77×10^3 个，平均值为 $85.84(\pm30.36)\times10^3$ 个；繁殖产卵期(Ⅶ期)为 25.38×10^3 ~65.45×10^3 个，平均值为 $46.98(\pm20.22)\times10^3$ 个(表 3-2)。其中，生理性发育期、性腺成熟期和繁殖产卵期之间的个体潜在繁殖力存在显著性差异(ANOVA：$F=2.428$，$P<0.05$)；然而生理性发育期和性腺成熟

期间个体潜在繁殖力大小基本一致，不存在显著差异(Turkey HSD，$P > 0.05$)；繁殖产卵期个体潜在繁殖力则显著低于生理性发育期和性腺成熟期个体潜在繁殖力45%～47%(Turkey HSD，$P < 0.05$)。同时，随着个体生长，潜在繁殖力与个体胴长呈幂函数关系($PF = 0.00003 \times DML^{2.713}$，$r = 0.59$，$n = 19$)，个体胴长越大，潜在繁殖力就越大(ANOVA：$F = 8.832$，$P < 0.05$)。然而，潜在繁殖力与个体体重没有显著的相关关系(ANOVA：$F = 4.243$，$P > 0.05$)。

表 3-2　阿根廷滑柔鱼不同性腺成熟度个体的潜在繁殖力

性腺成熟度	尾数	胴长/mm	最小值/$\times 10^3$ 个	最大值/$\times 10^3$ 个	平均值/$\times 10^3$ 个	标准差/$\times 10^3$ 个
Ⅲ	5	210～236	48.08	126.43	88.53	28.14
Ⅳ～Ⅵ	11	220～266	49.96	134.77	85.84	30.36
Ⅴ	3	180～262	25.38	65.45	46.98	20.22
总体	19	180～266	25.38	134.77	81.71	31.28

阿根廷滑柔鱼输卵管载卵量(表 3-3)，性腺发育成熟期为3232～28245 个，平均值为 14911(±10904.89)；占潜在繁殖力的 4.04%～24.75%，平均占8.57%(±9.45%)。繁殖产卵期个体的输卵管载卵量分别为829～15460 个，平均值为 10458(±8340.95)个；占潜在繁殖力的 3.27%～30.10%，平均占20.91%(±15.28%)。

表 3-3　阿根廷滑柔鱼输卵管载卵量

性腺成熟度	尾数	胴长/mm	最小值/个	最大值/个	平均值/个	标准差/个
Ⅳ～Ⅵ	11	220～266	3232	28245	14911	10904.89
Ⅶ	3	180～262	829	15460	10458	8340.95
总体	14	180～266	829	15460	11816	9989.28

3.2.2　相对繁殖力

阿根廷滑柔鱼的总体相对繁殖力为177～572(个/g)，平均值为373(±107.99)个/g(表 3-4)。随着性腺发育成熟和繁殖产卵，个体相对繁殖力呈下降趋势(AVONA：$F = 3.138$，$P < 0.05$)，其中，生理性发育期(Ⅲ期)平均相对繁殖力为428(±84.40)个/g；性腺成熟期(Ⅳ～Ⅵ期)平均相对繁殖力为381(±106.51)个/g；繁殖产卵期(Ⅶ期)平均相对繁殖力为253(±66.43)个/g(表 3-4)。个体相

对繁殖力与个体胴长大小没有显著的相关关系(ANOVA：$F=0.951$，$P>0.05$)，与个体体重也没有显著的相关关系(ANOVA：$F=2.980$，$P>0.05$)。

表 3-4　阿根廷滑柔鱼不同性腺成熟度个体的相对繁殖力

性腺成熟度	尾数	胴长/mm	最小值/(个/g)	最大值/(个/g)	平均值/(个/g)	标准差/(个/g)
Ⅲ	5	210～236	354	564	428	84.40
Ⅳ～Ⅵ	11	220～266	244	572	381	106.51
Ⅶ	3	180～262	177	300	253	66.43
总体	19	180～266	177	572	373	107.99

3.2.3　潜在繁殖投入指数

阿根廷滑柔鱼的总体潜在繁殖投入指数为 0.083～0.285，平均值为 0.177($\pm$ 0.068)(表 3-5)。性腺成熟期(Ⅳ～Ⅵ期)潜在繁殖力投入指数稍高于繁殖产卵期 (Ⅶ期)，然而两者之间不存在显著差异(ANOVA：$F=0.547$，$P>0.05$)，分别为 0.185($\pm$0.071)和 0.151($\pm$0.059)。同时，个体潜在繁殖投入指数与个体胴长没有显著的相关关系(ANOVA：$F=2.255$，$P>0.05$)，个体体重对阿根廷滑柔鱼的潜在繁殖投入指数也没有显著的影响(ANOVA：$F=4.492$，$P>0.05$)。

表 3-5　阿根廷滑柔鱼性腺成熟期和繁殖产卵期的繁殖投入指数

性腺成熟度	尾数	胴长/mm	最小值	最大值	平均值	标准差
Ⅳ～Ⅵ	11	220～266	0.098	0.285	0.185	0.071
Ⅶ	3	180～262	0.083	0.187	0.151	0.059
总体	14	180～266	0.083	0.285	0.177	0.068

3.2.4　卵巢卵母细胞

研究发现，性腺成熟度Ⅲ～Ⅶ期阿根廷滑柔鱼卵巢卵母细胞最大长径为 1.81mm，最小长径为 0.08mm，不同性腺成熟度卵巢卵母细胞长径大小差异显著($F=40.78$，$P<0.05$)，然而性腺成熟期(Ⅳ～Ⅵ期)卵巢卵母细胞长径大小没有显著差异($F=6.23$，$P>0.05$)(图 3-1)。其中，生理性发育期(Ⅲ期)，卵巢卵母细胞长径平均值为 0.76($\pm$0.31)mm；性腺发育成熟时的Ⅳ期、Ⅴ期、Ⅵ期，卵巢卵母细胞长径平均值分别为 0.83($\pm$0.32)mm、0.82($\pm$0.32)mm 和 0.81($\pm$ 0.33)mm；繁殖产卵期(Ⅶ期)，卵巢卵母细胞长径平均值为 0.68($\pm$0.31)mm。

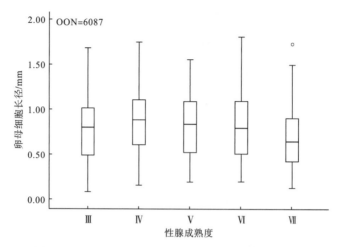

图 3-1   阿根廷滑柔鱼不同性腺成熟度卵母细胞的长径

同时，生理性发育期（Ⅲ期）和性腺成熟期（Ⅳ～Ⅵ期），阿根廷滑柔鱼卵巢卵母细胞大小分布均呈双峰分布（图 3-2）。其中，Ⅲ～Ⅳ期第一峰值区间为 0.45～0.65mm，该峰值区间卵母细胞个数占比Ⅲ期时为 34.04%，Ⅳ期为 27.45%；第二峰值区间为 0.95～1.35mm，该峰值区间卵母细胞个数占比Ⅲ期时为 52.09%，Ⅳ期为 51.38%。Ⅴ～Ⅵ期第一峰值区间为 0.55～0.75mm，第二峰值区间为 1.15～1.45mm；两峰值区间的卵母细胞个数占比，Ⅴ期分别为 35.10% 和 47.29%，Ⅵ期分别为 37.30% 和 40.91%。繁殖产卵期（Ⅶ期），卵巢卵母细胞大小分布呈单峰型分布［图 3-2(e)］，峰值区间为 0.45～0.65mm，区间内卵母细胞占比为 36.65%；0.75mm 以上的卵母细胞则呈梯级下降分布，其中 0.75～0.95mm 为一个梯级，占比为 30.30%；1.05～1.25mm 为一个梯级，占比为 21.20%；1.45～1.55 为一个梯级，占比仅为 3.47%。

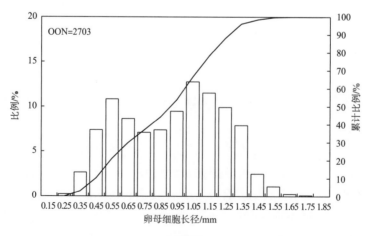

(a)Ⅲ期

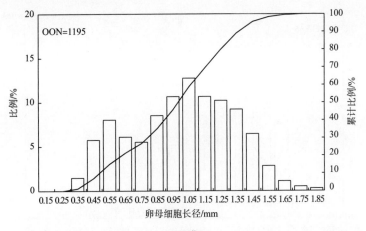

(b) IV 期

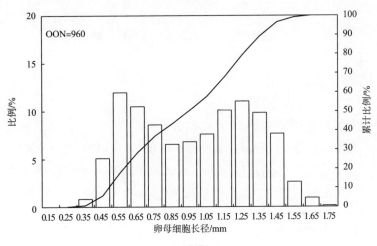

(c) V 期

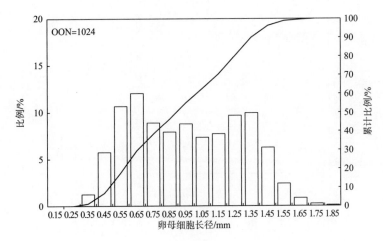

(d) VI 期

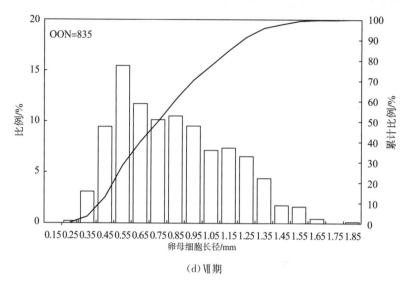

(d) Ⅶ期

图 3-2　阿根廷滑柔鱼不同性腺成熟度卵母细胞大小分布

3.2.5　输卵管成熟卵子

阿根廷滑柔鱼输卵管成熟卵子长径为 0.94~1.68mm，平均值为 1.23(±0.12)mm；性腺成熟期(Ⅳ~Ⅵ期)和繁殖产卵期(Ⅶ期)卵子长径一致，不存在显著差异($F=1.032$，$P>0.05$)(图 3-3)。成熟卵子大小分布呈单峰分布，峰值区间为 1.15~1.35mm，该区间卵子占比 82.16%(图 3-4)。

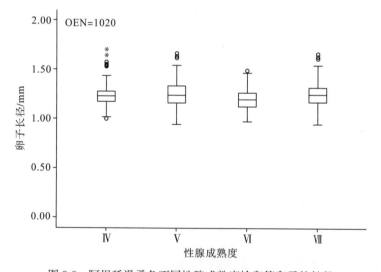

图 3-3　阿根廷滑柔鱼不同性腺成熟度输卵管卵子的长径

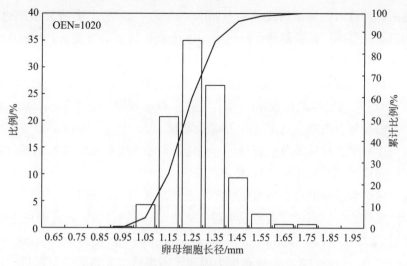

图 3-4　阿根廷滑柔鱼输卵管成熟卵子大小分布

3.3　分析与讨论

自然选择的结果最终导致物种适应环境繁衍后代的最大化，更为关键的是物种后代存活的最大化，而繁殖力大小则在一定程度上决定着物种后代补充量的大小(Witthames et al.，2009)。现生头足类作为高级软体动物，除鹦鹉螺属种外，终生繁殖一次，并且对海洋环境的适应敏感性强烈，不同属种表现出多次产卵模式和间歇终端产卵模式，潜在繁殖力最大值可达到 3200 万个卵母细胞(如茎柔鱼 *Dosidicus gigas*)(Nigmatullin and Markaida，2009)，最小值则仅为 30 个卵母细胞(如多氏乌贼 *Sepia dollfusi*)(Gabr et al.，1998)。本章研究显示，西南大西洋 45°S 公海海域阿根廷滑柔鱼夏季产卵种群的潜在繁殖力为 2.54 万~13.47 万个卵母细胞，研究结果与 42°~46°S 陆架海域夏季产卵的阿根廷滑柔鱼群体潜在繁殖力相一致(Laptikhovsky and Nigmatullin，1992)。同时，结果显示阿根廷滑柔鱼生理性发育期和性腺成熟期之间个体的潜在繁殖力没有显著差异，也进一步印证了该种群在生理性发育后期直至繁殖产卵前期卵母细胞数目保持不变的结论(Laptikhovsky and Nigmatullin，1992)。

然而，研究种群的最大潜在繁殖力均小于该种属秋冬季节产卵的南巴塔哥尼亚种群(Laptikhovsky and Nigmatullin，1992)和冬春季节产卵的南巴西种群(Santos and Haimovici，1997)。这可能与种群个体胴长大小密切相关，因为头足类生殖系统是由胴体腔特化而成，并位于胴体腔后端(Arkhipkin and Mikheev，1992)，胴体大小将决定卵巢及其输卵管怀卵量的大小，个体胴长越大，潜在繁殖力越高，并且两者呈正相关关系(Collins et al.，1995)。本研究结果也显示，阿根廷滑柔鱼夏季产卵种群潜在繁殖力与个体胴长呈幂函数关系。Laptikhovsky和 Nigmatullin(1993)也曾报道 42~46°S 巴塔哥尼亚陆架海域和大陆坡海域的阿根廷滑柔鱼种群的潜在繁殖力均与个体胴长呈显著的正相关关系，个体胴长150~170mm 时的平均潜在繁殖力为 7.5 万个卵母细胞，个体胴长 360~380mm时的平均潜在繁殖力则高达 120 万个卵母细胞。

类似于其他大洋性柔鱼科属种，阿根廷滑柔鱼生殖系统中具有输卵管，并起着暂时储存成熟卵子的作用(林东明和陈新军，2013)。在繁殖产卵前，阿根廷滑柔鱼输卵管载卵量在潜在繁殖力中的平均占比为 8.57%，最大占比在 25%左右；在繁殖产卵期，个体输卵管载卵量平均占比达 20.91%，最大占比高达 30%。因此，尽管输卵管载卵量不是估算排卵总数的一个良好表征(Santos and Haimovici，1997)，但是在一定程度上说明了阿根廷滑柔鱼为分批次排卵，而且每次排卵后潜在繁殖力及其排卵量逐渐地减少。实际上，阿根廷滑柔鱼实际排卵量约为其潜在繁殖力的 70%(Laptikhovsky and Nigmatullin，1993)。

此外，阿根廷滑柔鱼夏季产卵种群的相对繁殖力大小随着性腺发育及其繁殖产卵呈显著的下降趋势；而潜在繁殖投入指数亦有所下降，但是下降趋势不明显，并且两者均与个体胴长、体重没有显著的相关关系。这可能与阿根廷滑柔鱼的后期生活史密切相关，阿根廷滑柔鱼性腺生理性发育后期个体逐渐停止摄食，性腺发育成熟后个体停止生长，性腺指数呈下降趋势。这个阶段，更多的储备能量用于繁殖交配行为，仅 20%左右的能量用于既有卵母细胞的生长发育，个体的繁殖产出更多地依赖于食物资源等生物因素。同时，性腺发育成熟后，个体生殖系统便逐渐萎缩衰败(Arkhipkin and Mikheev，1992)，从而造成个体繁殖投入逐渐下降，说明了阿根廷滑柔鱼卵巢的一次性发育，新生卵母细胞停止生长于生理性成熟后期。

一般地，大洋性柔鱼类个体自生理发育后卵巢卵母细胞的最小直径均大于0.05mm，卵子发生随即停止(Laptikhovsky and Nigmatullin，1999)。阿根廷滑柔鱼夏季种群性腺成熟度Ⅲ~Ⅶ期的卵巢卵母细胞最小长径为 0.08mm，均未见有 0.05mm 以下的卵母细胞，并且结果与秋冬季产卵种群和冬春季节产卵种群的卵巢卵母细胞长径一致(Santos and Haimovici，1997)。然而，卵巢卵母细胞最大长径稍大于输卵管成熟卵子长径，这可能是卵巢卵母细胞处于卵黄卵母细胞期外层裹着滤泡层而未脱落所致(蒋霞敏等，2007)，因为滤泡层是位于头足类卵母细胞外层，随着卵母细胞发育而增厚的重要的细胞结构层(蒋霞敏等，2007；Bottke，1974；Bolognari，1976；Melo and Sauer，1999)。但是，随着个体生长发育，阿根廷滑柔鱼夏季产卵种群卵巢卵母细胞逐渐发育成熟，生理性发育期、性腺成熟期和繁殖产卵期之间的卵巢卵母细胞长径大小差异显著($P < 0.05$)。其中，繁殖产卵期卵巢卵母细胞长径显著地小于生理性发育期和成熟期，这可能与繁殖产卵期大量大型卵母细胞发育并跌入输卵管的过程有关(Melo and Sauer，1999)。

同时，大洋性柔鱼类卵巢卵母细胞发育多数表现为原浆卵母细胞(protoplasmic oocytes)占优势的异步成熟模式，如茎柔鱼、桔背鸢乌贼等，或为多个峰值区间分布的批次同步成熟模式，如澳洲双柔鱼(*Nototodarus gouldi*)、巴塔哥尼亚枪乌贼(*Loligo gahi*)等。本章研究中，阿根廷滑柔鱼夏季产卵种群卵巢卵母细胞在生理性发育期和性腺成熟期存在 $0.45 \sim 0.75$mm 和 $0.95 \sim 1.35$mm(或 $1.15 \sim 1.45$mm)的两个双峰值区间，繁殖产卵期卵巢卵母细胞则为 $0.45 \sim 0.65$mm 单峰值区间，输卵管成熟卵子则以 $1.15 \sim 1.35$mm 峰值区间分布。这种分布模式类似于澳洲双柔鱼和巴塔哥尼亚枪乌贼的卵巢卵母细胞的多峰值区间分布模式，一定程度上表明阿根廷滑柔鱼卵巢卵母细胞为批次同步发育生长，进入繁殖产卵后，卵巢卵母细胞逐批次减少，并以小型卵母细胞为主。Laptikhovsky 和 Nigmatullin(1992)曾根据卵母细胞形态大小组别进行阿根廷滑柔鱼卵母细胞发育等级划分的研究，发现随着个体生长发育，卵巢卵母细胞形成以简单滤泡卵母细胞和卵黄卵母细胞为主的两个峰值细胞分布。卵巢卵母细胞的这种成熟模式，一方面可以使亲体保持较高的繁殖力(Melo and Sauer，1999)，另一方面则可以保证亲体产出的卵团处于相对合适的环境并提高孵化率。

综上所述，阿根廷滑柔鱼的个体繁殖力在生理性发育后期至繁殖产卵前期基本保持不变，卵母细胞发育生长模式为批次同步成熟模式，每次排卵后潜在繁殖力及其排卵量逐渐减少。结果将为开展阿根廷滑柔鱼产卵策略的研究提供参考资料，也将为我国科学持续地开发利用该种属资源提供基础数据。

第4章　卵巢发育及卵母细胞成熟模式研究

卵巢发育是繁殖生物学的重要研究内容之一(West，1990)，对详细了解渔业资源的种群结构及其生活史习性，以及科学合理地开展渔业资源活动具有重要的理论和实践指导意义(Doi and Kawakami，1979；Saue and Lipiński，1990)。头足类是高级软体动物，除了鹦鹉螺属种外，鞘亚纲属种的生命周期短，通常为一年生，卵巢一次性发育，产卵后便死去。然而，这些短生命周期属种在多变的海洋环境下形成了不同的繁殖策略，并表现出多种适应性的卵巢发育及卵母细胞成熟模式：终端产卵者卵巢卵母细胞同步发育、同步排卵(Laptikhovsky，2013)，多次产卵者和间歇性产卵者卵巢卵母细胞处于多个发育阶段、批次成熟、批次排卵(Paz et al.，2001)。

阿根廷滑柔鱼资源生物量丰富，已经成为西南大西洋海域生态系统的重要营养指标，起着"生物泵"的作用(Arkhipkin，2012)。同时，该属种是典型的大洋性经济性柔鱼属种，在世界头足类渔业资源中占有重要的地位，也是我国远洋鱿钓产业的重要支撑资源。目前，关于阿根廷滑柔鱼卵巢发育生长及卵母细胞方面的研究报道多集中于性腺指数、生物学最小型、繁殖力大小、卵母细胞形态大小等方面，卵巢发育和卵母细胞发生的组织学研究未见报道。本章利用冰冻组织切片技术，详细描述阿根廷滑柔鱼卵巢发育、卵母细胞发生的组织学特征以及时相卵母细胞的分布特点，旨在深入了解阿根廷滑柔鱼卵巢发育和卵母细胞成熟模式，从而推定其产卵策略。

4.1　材料和方法

4.1.1　样本采集

阿根廷滑柔鱼样本来自阿根廷公海海域作业的"沪渔908"鱿钓渔船。样本采集时间为2013年1~3月和2014年4~6月，采集海域为41°08′~47°58′S、57°03′~60°55′W(见第2章2.1.1节"样本采集海域和时间")。根据鱿钓渔船海洋作业地点流动、作业持续时间短等特点，样本每周采集一次，海上全鱼经冷冻保藏后运回实验室进行分析。

4.1.2　组织学观察

样本在实验室解冻后，根据目测性腺成熟度(见第 2 章 2.1 节"材料和方法")，进行卵巢组织摘取并用 10％福尔马林溶液固定后，利用冰冻切片机(Leica CM1950)进行冰冻切片制样，切片厚度为 5~6μm，H．E 染色，置于 Olympus 显微镜下观察，显微拍照，并进行显微测量。组织切片生殖细胞显微测量项目包括细胞、细胞核的直径及其面积、滤泡细胞层内折突起高等。本实验共组织切片并观察分析了雌性个体 108 尾，其中 2013 年 46 尾，2014 年 62 尾。

4.1.3　时相卵母细胞划分

卵母细胞时相划分以 Selman 和 Arnold(1977)、Melo 和 Sauer(1999)、蒋霞敏等(2007)的分期标准为基础，退化吸收卵母细胞以 Melo 和 Sauer(1999)的划分标准为基础，结合笔者的观察结果进行描述，并以细胞质、细胞核、滤泡细胞(层)、卵黄物质等为主要划分标准，将阿根廷滑柔鱼卵母细胞发育划分为卵原细胞(oogonium，Oo)、第 1 时相卵母细胞(oocyte stage 1，S1)、第 2 时相卵母细胞(oocyte stage 2，S2)、第 3 时相卵母细胞(oocyte stage 2，S3)、第 4 时相卵母细胞(oocyte stage 4，S4)、第 5 时相卵母细胞(oocyte stage 5，S5)、成熟卵子(ripe egg，Re)，以及退化初级卵母细胞(primary atretic oocyte，PAO)、退化次级卵母细胞(previtellogenic atretic oocyte，PVAO)、退化卵黄卵母细胞(vitellogenic atretic oocyte，VAO)，以及排卵后空滤泡(post-ovulatory follicle，POF)(表 4-1)。

表 4-1　阿根廷滑柔鱼时相卵母细胞组织学划分标准

时相	细胞质	细胞核	滤泡细胞(层)	卵黄物质
卵原细胞 Oo	很少，仅一薄层	很大，占细胞体 80％以上	无	无
第 1 时相 S1	增多，均匀	可见多个核仁或核质岛状分布	无或少量滤泡开始贴附，并逐渐形成单层滤泡层	无
第 2 时相 S2	均匀	核质沙砾状或棉絮状	双层滤泡层，内层滤泡长径端开始转向细胞体	无
第 3 时相 S3	均匀，或被瓜分	核质沙砾状，或细胞核消失	滤泡细胞层增厚内折，逐渐连接呈网络状	无
第 4 时相 S4	边缘分布	无	内折退缩，内折起始部位累计占细胞边缘周长 50％以上	有，细胞中央分布

时相	细胞质	细胞核	滤泡细胞(层)	卵黄物质
第5时相 S5	边缘分布	无	内折进一步退缩,内折起始部位累计占细胞边缘周长少于50%	丰富,细胞中央分布
成熟卵子 Re	无	无	内折完全退缩,形成一个薄的光滑滤泡层	分布整个细胞体
退化初级卵母细胞 PAO	均匀	核质粥状,边缘被胞质侵染	单层滤泡细胞排列松散,空心化	无
退化次级卵母细胞 PVAO	被瓜分	无	内折零散,空心化,或与细胞质分离	无
退化卵黄卵母细胞 VAO	点缀零散卵黄颗粒	无	滤泡细胞层肥厚,空心化,与细胞质空隙化	零散分布胞质中
空滤泡 POF	水状	无	滤泡细胞单层,内折随机	无

4.1.4　时期卵巢划分

卵巢发育时期(ovarian phase,OP)的组织学划分以蒋霞敏等(2007)和刘敏等(2010)的以卵巢切面上时相卵母细胞所占面积超过50%的卵母细胞时相划分标准为参考。同时,由于阿根廷滑柔鱼成熟卵子外排于输卵管进行产卵前暂存的特点(林东明和陈新军,2013),本书也将以排卵后空滤泡作为划分标准参考之一,具体见表4-2。

表4-2　阿根廷滑柔鱼时期卵巢组织学划分准则

类别	划分准则
无空滤泡	1. 时相卵母细胞切面面积占比>50%,且个数占比>50%,直接以该时相定义卵巢时期 2. 时相卵母细胞切面面积占比>50%,个数占比<50%,以个数占比大者时相定义卵巢时期 3. 时相卵母细胞个数占比>50%,且切面面积占比<50%,以相邻时相切面面积合计占比>50%者的前者时相定义卵巢时期
有空滤泡	1. 时相卵母细胞切面面积占比>70%,且个数占比>60%,直接以该时相定义卵巢时期 2. 时相卵母细胞切面面积占比>70%,个数占比<60%,且以相邻时个数合计占比>60%者的后者时相定义卵巢时期 3. 时相卵母细胞个数占比>60%,且切面面积占比<70%,以相邻时相切面面积合计占比>70%者的前者时相定义卵巢时期

4.1.5　时期卵巢卵母细胞分布

利用单因素方差(ANOVA)(余建英和何旭宏,2003)检验结果显示,同一卵巢发育时期不同样本的同一时相卵母细胞大小不存在显著性差异(表 4-3)。因此,在同一卵巢发育时期下,合并不同样本的时相卵母细胞,进行卵巢切面时相卵母细胞的个数占比和面积占比,以及以 50 μm 为组距的时期卵巢卵母细胞大小分布的统计分析。

表 4-3　相同卵巢发育时期不同个体时相卵母细胞大小的 ANOVA 检验结果

卵巢时期	样本数	卵原细胞	第 1 时相	第 2 时相	第 3 时相	第 4 时相	第 5 时相	卵子
第 Ⅰ 时期	16	$F=0.313$, df=184, $p=0.582$	$F=1.568$, df=428, $p=0.218$	$F=0.125$, df=316, $p=0.727$	$F=0.085$, df=96, $p=0.777$	—	—	—
第 Ⅱ 时期	15	$F=3.151$, df=175, $p=0.089$	$F=1.862$, df=601, $p=0.160$	$F=2.294$, df=940, $p=0.104$	$F=3.950$, df=257, $p=0.056$	—	—	—
第 Ⅲ 时期	18	$F=2.480$, df=92, $p=0.256$	$F=2.465$, df=477, $p=0.124$	$F=0.283$, df=612, $p=0.596$	$F=0.324$, df=765, $p=0.571$	$F=0.597$, df=117, $p=0.456$	—	—
第 Ⅳ 时期	13	$F=0.013$, df=28, $p=0.862$	$F=0.561$, df=180, $p=0.974$	$F=1.548$, df=198, $p=0.223$	$F=2.229$, df=421, $p=0.140$	$F=2.797$, df=660, $p=0.097$	$F=1.498$, df=108, $p=0.239$	—
第 Ⅴ 时期	32	—	—	$F=1.235$, df=104, $p=0.332$	$F=1.592$, df=296, $p=0.210$	$F=2.023$, df=681, $p=0.117$	$F=1.945$, df=1601, $p=0.124$	$F=0.911$, df=112, $p=0.470$
第 Ⅵ 时期	14	—	—	$F=1.478$, df=55, $p=0.284$	$F=0.050$, df=133, $p=0.951$	$F=2.339$, df=199, $p=0.110$	$F=1.689$, df=360, $p=0.192$	$F=2.283$, df=139, $p=0.132$

注:显著性水平 $p<0.05$。

4.1.6　卵巢发育的非生物学因子关系

广义可加模型(generalized additive model,GAM)具有直接处理响应变量和多个解释变量之间的非线性关系的优点(Bellido et al.,2001;朱源和康慕谊,2005),可用于环境因子和其他非生物参数因子等与响应变量的模型拟合分析(Wood,2008)。头足类属种对海洋环境适应敏感,其生长发育与海表面温度(sea-surface temperature,SST)、叶绿素浓度(chlorophyll-a,Chl-a)和栖息水深等海洋环境因子的关系密切(Forsythe,2004;Lefkaditou et al.,2008;Smith et al.,2011)。同时,阿根廷滑柔鱼属种具有多个产卵季节,其生活史与西南大西洋的巴西海流和福克兰海流关系密切(Portela et al.,2012),早期生活史的栖息水域温度与来年的补充群体资源量大小呈负相关关系,表层水温是性腺发育的重要影响因素,生活史后期则进行"短距离洄游"或"准持久性(quasi-permanent)地向岸洄游产卵"等。因此,本章研究采用 GAM 进行卵巢发育与 SST、Chl-a

和海平面高度（sea-surface height，SSH），以及采样月份（month）、采样海域（location）等非生物学因子之间的拟合分析，以获得该属种卵巢发育的非生物学因子关系。

卵巢发育指标采用组织性腺指数（histological maturity index，HMI）（Sauer 和 Lipiński，1990），计算公式为

$$HMI = \frac{\sum_{i=1}^{s} (n_i \times i)}{\sum_{i=1}^{s} n_i}$$

式中，i 为卵巢时期里卵母细胞的时相；s 为卵巢时期里卵母细胞的时相数；n_i 为时相卵母细胞的绝对个数。

GAM 的表达形式如下：

$$lg(HMI) \sim s(SST) + s(Chl\text{-}a) + s(SSH) + s(month) + s(location)$$

式中，s（）为薄板收缩到零的回归样条平滑（thin plate regression splines with shrinkage，ts）；HMI 为组织性腺指数；SST 为海表面温度；Chl-a 为叶绿素浓度；SSH 为海平面高度；month 为月份；location 为采样海域。利用 gam. check (mgcv)进行模型数据的检验显示（Wood，2006），组织性腺指数 HMI 的误差分布估计为 Gaussian 分布。以 AIC 信息准则（Akaike information criterion）进行 GAM 模型拟合优度检验，其值越小，表明模型的拟合效果越佳（Wood，2006）。利用 F 检验评估各因子的显著性。

其中，海表面温度、叶绿素浓度和海平面高度等海洋环境因子数据来源于美国 NOAA 全球海洋观测数据库（http：//oceanwatch. pifsc. noaa. gov/las/servlets/index），时间为 2013 年 1~3 月和 2014 年 4~6 月，时间分辨率为周；空间分辨率：海表面温度为 $0.1° \times 0.1°$，叶绿素浓度为 $0.05° \times 0.05°$，海平面高度为 $0.25° \times 0.25°$。对于采样海域，根据样本采集的经纬度特点，划分 42°S 附近为东北部海域（northeast part，NeP），45°S 附近为中部海域（central part，CP），47°S 附近为南部海域（south part，SP）（见第 2 章 2.1 节 "材料和方法"）。

实验数据分析，应用 Excel 2007 和 SPSS 20.0 等进行处理。GAM 模型拟合采用 R 语言的 mgcv 数据包（http：//www. r-project. org/）进行处理分析。

4.2　研　究　结　果

根据卵巢组织切片切面上空滤泡的有无，以及时相卵母细胞的组成、面积占比及其个数占比等，将阿根廷滑柔鱼卵巢时期划分为 6 个时期。

4.2.1　第 I 时期卵巢

该时期卵巢含有卵原细胞、第 1 时相卵母细胞和第 2 时相卵母细胞等生殖细胞，以及少量的早期第 3 时相卵母细胞。其中，卵原细胞体梨形或近椭圆形，胞体基本为细胞核形态，细胞核大，胞体平均直径为 33.74~48.47μm，胞核平均直径为 26.35~43.34μm（图版 4-I.1）。第 1 时相卵母细胞椭圆形或近椭圆形，细胞质增多，核中位，核质可见染色较深的核仁，胞体平均直径为 75.49~166.02μm，细胞核平均直径为 55.05~91.71μm，同时滤泡细胞出现并开始贴附卵母细胞形成简单的单层滤泡细胞层（图版 4-I.2-3）。第 2 时相卵母细胞椭圆形或圆形，胞体边缘形成双层滤泡细胞层，核中位，核质沙砾状，胞体平均直径 127.06~229.55μm，核体平均直径 30.79~110.79μm（图版 4-I.4-5）。第 3 时相卵母细胞体近圆形，核中位，核质染色沙砾状，胞体平均直径 156.98~297.40μm，核体平均直径 37.86~123.88μm，滤泡细胞层增厚并开始内折突入细胞质（图版 4-I.6）。

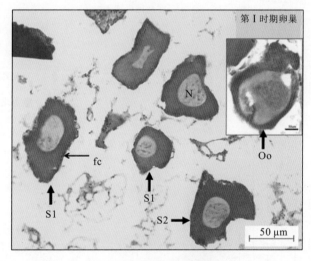

图 4-1　第 I 时期卵巢

fc. 滤泡细胞；N. 细胞核；Oo. 卵原细胞；S1. 第 1 时相卵母细胞；S2. 第 2 时相卵母细胞

卵巢切面，以第 1、第 2 时相卵母细胞为主，次之为卵原细胞［图 4-1，图 4-2(a)］。其中，第 1 时相卵母细胞数占切面总生殖细胞数的 43.64%~48.51%，平均占比为 46.08%（±3.45%）；占切面总面积的 46.02%~56.05%，平均占比为 51.02%（±7.07%）。第 2 时相卵母细胞数占切面总生殖细胞数的 26.73%~38.18%，平均占比为 32.46%（±8.10%）；占切面总面积的 37.97%~

47.79％，平均占比为 42.97％(±7.07％)。卵原细胞数切片占比和面积占比，分别为 15.45％～23.76％和 3.57％～5.57％，平均占比分别为 19.61％(±5.87％)和 4.57％(±1.41％)。第 3 时相卵母细胞数及其面积占比最小，分别为 0.99％～2.73％和 1.44％～2.45％。生殖细胞大小呈单峰区间分布，平均直径 50～250μm 的生殖细胞占 89.11％［图 4-2(b)］。

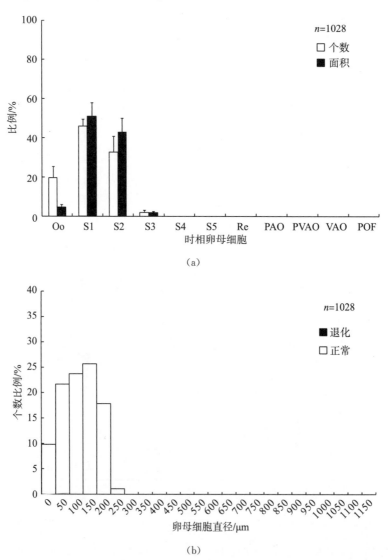

(a)

(b)

图 4-2　第Ⅰ时期卵巢时相卵母细胞个数及其面积的平均占比分布和卵母细胞平均直径分布

4.2.2　第Ⅱ时期卵巢

该时期卵巢的生殖细胞继续生长发育，所含生殖细胞与第Ⅰ时期卵巢相近，第 2 时相卵母细胞进入盛期。其中，部分第 3 时相卵母细胞的滤泡细胞层进一步内折突入细胞质，细胞质逐渐被瓜分，细胞核偏位，细胞体较第Ⅰ时期卵巢的同时相卵母细胞大，胞体平均直径为 165.43~348.31 μm（图版 4-Ⅰ.7）。

卵巢切面，以第 2 时相卵母细胞为主，次之为第 1 时相卵母细胞［图 4-3，图 4-4(a)］。其中，第 2 时相卵母细胞切面细胞数占比和面积占比分别为 47.66%~71.43% 和 45.97%~69.42%，平均占比分别为 56.00%(±10.54%) 和 61.34%(±13.31%)；次之为第 1 时相卵母细胞，切面细胞数占比和面积占比分别为 19.05%~37.40% 和 25.27%~29.52%，平均占比分别为 29.22%(±8.15%) 和 21.81%(±9.90%)。第 3 时相卵母细胞增多且增大，细胞数和面积占比分别为 2.52%~25.78% 和 4.34%~43.38%，平均占比分别为 23.86(±17.60%) 和 12.59(±11.95%)。卵原细胞的细胞数和面积占比分别为 10.45%~10.74% 和 0.96%~1.87%，平均占比分别为 10.66%(±0.12%) 和 1.41%(±0.64%)。生殖细胞大小呈单峰区间分布，胞体平均直径 100~250 μm 生殖细胞占 84.82%［图 4-4(b)］。

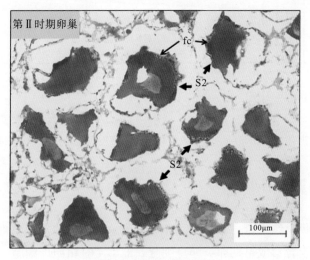

图 4-3　第Ⅱ时期卵巢

fc. 滤泡细胞；S2. 第 2 时相卵母细胞

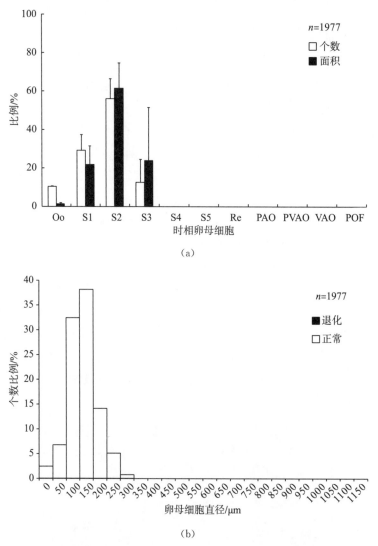

图 4-4　第Ⅱ时期卵巢时相卵母细胞个数及其面积的平均占比分布和卵母细胞平均直径分布

4.2.3　第Ⅲ时期卵巢

该时期卵巢继续发育，第 3 时相卵母细胞进入盛期，原第Ⅱ时期卵巢的第 3 时相卵母细胞发育形成早期卵黄卵母细胞，即第 4 时相卵母细胞。其中，该时期卵巢的部分第 3 时相卵母细胞的滤泡细胞层内折突入显著并连接成网状，细胞质被瓜分于其中，胞体也进一步长大，胞核消失，胞体平均直径 182.51～378.12μm(图版 4-I.8)。第 4 时相卵母细胞体平均直径 333.58～428.25μm，内折的滤泡细胞开始退缩，退缩的空隙部位开始出现卵黄颗粒物质(图版 4-I.9)。

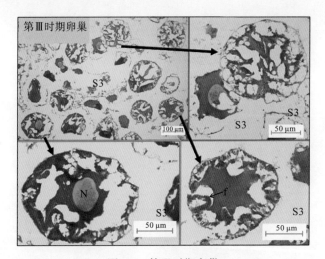

图 4-5　第Ⅲ时期卵巢

f. 滤泡细胞内折；S3. 第 3 时相卵母细胞

卵巢切面上，以第 3 时相卵母细胞为主，次之为第 2 时相卵母细胞，卵原细胞最少[图 4-6(a)]。其中，第 3 时相卵母细胞数和面积的切面占比分别为 25.51%～47.24%和 47.81%～54.05%，平均占比分别为 37.38%(±14.37%)和 51.93%(±5.41%)。第 2 时相卵母细胞数和面积的切面占比分别为 23.62%～38.78%和 19.33%～32.43%，平均占比分别为 29.20%(±10.72%)和 20.88% (±16.34%)。第 4 时相卵母细胞数和面积的切面占比分别为 2.57%～10.24%和 10.43%～28.25%，平均占比分别为 5.91%(±6.12%)和 20.34%(±14.02%)。卵原细胞的细胞数和面积的切面占比分别为 1.57%～3.08%和 0.38%～0.85%，平均占比分别为 2.83%(1.77%)和 0.51%(±0.33%)。生殖细胞大小分布仍以胞体平均直径 100～300 μm 的卵母细胞为主[图 4-6(b)]。

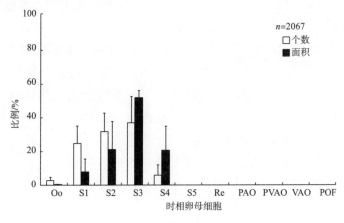

(a)

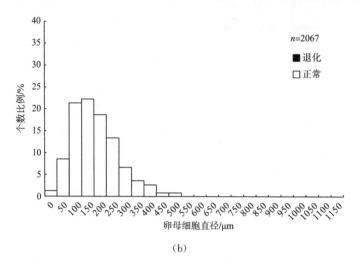

(b)

图 4-6　第Ⅲ时期卵巢时相卵母细胞个数及其面积的平均占比分布和卵母细胞平均直径分布

4.2.4　第Ⅳ时期卵巢

该时期卵巢第 4 时相卵母细胞进入盛期，并开始出现第 5 时相卵母细胞。其中，第 4 时相卵母细胞进一步发育，内折的滤泡细胞继续退缩，卵黄颗粒不断积累，胞体增大显著，平均直径为 527.76~629.74 μm（图版 4-I.10-11）。第 5 时相卵母细胞，内折的滤泡细胞显著减少，卵黄物质积累丰富，胞体平均直径为 562.59~973.63 μm（图版 4.I.12）。

卵巢切面上，第 4 时相卵母细胞在细胞数和面积占比均最大，次之为第 3 时相卵母细胞，卵原细胞进一步减少[图 4-7，图 4-8（a）]。其中，第 4 时相卵母细胞数和面积的切面占比分别为 37.20%~46.26% 和 55.11%~62.15%，平均占比分别为 40.73%（±7.82%）和 58.48%（±4.77%）；第 3 时相卵母细胞数和面积的切面占比分别为 23.85%~25.65% 和 15.24%~18.23%，平均占比分别为 25.73%（±1.78%）和 16.23%（±2.82%）；第 2 时相卵母细胞数和面积的切面占比分别为 12.56%~16.01% 和 3.38%~3.56%，平均占比分别为 13.78%（±3.14%）和 3.49%（±0.50%）；第 5 时相卵母细胞数和面积的切面占比分别为 5.44%~7.89% 和 15.11%~24.94%，平均占比为 6.72%（±1.81%）和 20.12%（±6.81%）；卵原细胞数和面积的切面占比分别为 1.58%~2.04% 和 0.05%~0.21%，平均占比分别为 1.82%（±0.31%）和 0.12%（±0.13%）。生殖细胞大小分布出现 3 个小峰值区间，分别为 150~250 μm、300~350 μm 和 400~450 μm[图 4-8（b）]。

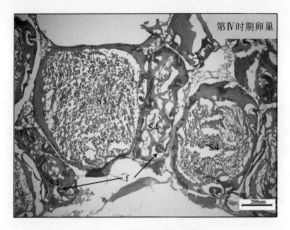

图 4-7　第 Ⅳ 时期卵巢

f. 滤泡细胞内折；S4. 第 4 时相卵母细胞；S5. 第 5 时相卵母细胞

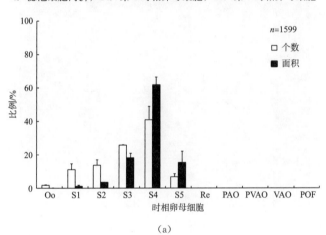

（a）

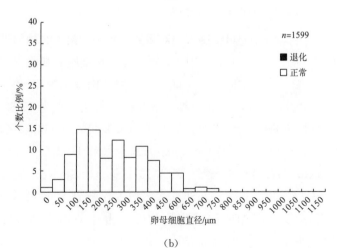

（b）

图 4-8　第 Ⅳ 时期卵巢的时相卵母细胞个数及其面积的平均占比分布和卵母细胞平均直径分布

4.2.5　第Ⅴ时期卵巢

该时期卵巢第5时相卵母细胞进入盛期,卵原细胞和第1时相卵母细胞消失,第Ⅳ时期卵巢的第5时相卵母细胞开始发育成熟,成熟卵子开始出现,并出现空滤泡(图版4-I.15);同时,可见初级退化卵母细胞、次级退化卵母细胞和退化卵黄卵母细胞(图版4-I.16—18)。第5时相卵母细胞内折的滤泡细胞进一步退缩并闭合形成光滑的滤泡细胞层,卵黄物质占胞体80%以上,胞体平均直径661.61~992.63 μm(图版4-I.13)。成熟卵子内折滤泡细胞消失,卵膜清晰,胞体平均直径903.22~1138.34 μm(图版4-I.14)。

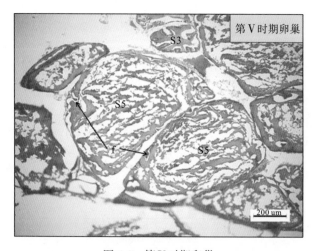

图4-9　第Ⅴ时期卵巢

f. 滤泡细胞内折;S3. 第3时相卵母细胞;S5. 第5时相卵母细胞

卵巢切面上,第5时相卵母细胞占绝对多数,次之为第4时相卵母细胞,成熟卵子比较少[图4-9,图4-10(a)]。其中,第5时相卵母细胞数和面积的切面占比分别为36.05%~57.41%和69.38%~83.60%,平均占比分别为47.88%(±7.67%)和75.50%(±5.18%);第4时相卵母细胞数和面积占比分别为15.89%~38.60%和6.81%~23.24%,平均占比分别为25.89%(±9.36%)和14.61%(±7.92%);成熟卵子数和面积的切面占比分别为0.88%~6.54%和1.63%~13.98%,平均占比分别为2.76%(±2.32%)和6.75%(±5.13%);第3时相卵母细胞数和面积占比分别为6.98~10.17%和1.03%~1.86%,平均占比分别为8.72%(±1.19%)和1.39%(±0.37%);第2时相卵母细胞数和面积占比分别为2.33%~8.33%和0.14%~0.41%,平均占比分别为4.66%(±2.58%)和0.27%(±0.11%);初级退化卵母细胞数和面积占比分别为0.74%~0.85%和0.05%~0.13%,平均占比分为 0.69％(±0.08％)和 0.10％(±0.05％)；次级退化卵母细胞数和面积占比分别为 1.69％～5.61％和 0.09～0.57％，平均占比分别为 2.87％(±1.84％)和 0.24％(±0.22％)；退化卵黄卵母细胞数和面积占比分别为 0.88％～11.63％和 0.14％～1.37％，平均占比分别为 3.92％(±4.45％)和 0.51％(±0.50％)；空滤泡数和面积的切面占比分别为 0.88％～9.30％和 0.25％～1.66％，平均占比分别为 4.80％(±3.86％)和 0.84％(±0.70％)。该时期生殖细胞发育生长迅速，胞径大小以 450～650μm 为主，并出现了第 4 个小峰值区间，即 800～900μm[图 4-10(b)]。

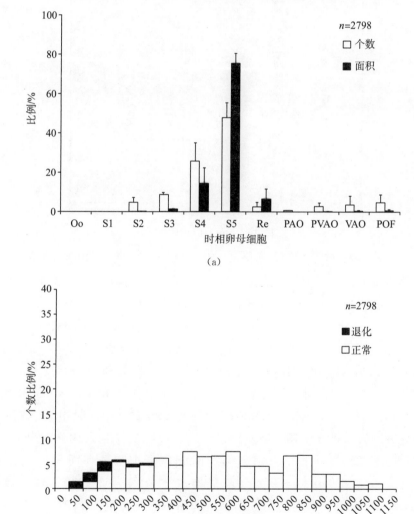

图 4-10　第 V 时期卵巢的时相卵母细胞个数及其面积的平均占比分布和卵母细胞平均直径分布

4.2.6　第Ⅵ时期卵巢

该时期卵巢发育完全成熟，第 5 时相卵母细胞不断发育成为成熟卵子，空滤泡增多；第 2~4 时相卵母细胞减少，退化初级、次级卵母细胞和退化卵黄卵母细胞增加(图版 4-Ⅰ.16-18)。

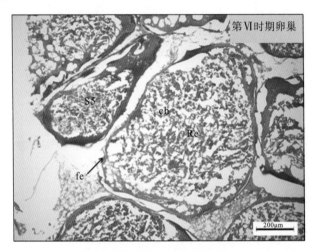

图 4-11　第Ⅵ时期卵巢

ch. 成熟卵子卵膜；fe. 滤泡细胞膜；Re. 成熟卵子；S5. 第 5 时相卵母细胞

卵巢切面上，第 5 时相卵母细胞仍占多数，成熟卵子和空滤泡显著增多[图 4-11，图 4-12(a)]。其中，第 5 时相卵母细胞数和面积的切面占比分别为31.82%~45.00% 和 49.1%5%~62.80%，平均占比分别为 38.68%(±5.55%)和 56.42%(±6.87%)；成熟卵子数和面积的切面占比分别为 7.95%~21.33% 和19.51%~32.69%，平均占比分别为 13.43%(±6.08%)和 25.14%(±6.80%)；第 4 时相卵母细胞数和面积占比分别为 10.67%~20.45% 和 6.94%~8.87%，平均占比分别为 16.01%(±4.20%)和 8.14%(±1.04%)；第 3 时相卵母细胞数和面积占比分别为 8.00%~15.01% 和 2.25%~3.06%，平均占比分别为 11.75%(±3.17%)和 2.53%(±0.46%)；第 2 时相卵母细胞数和面积占比分别为0.01%~5.00% 和 0.01%~0.28%，平均占比分别为 3.93%(±1.09%)和0.19%(±0.12%)；初级退化卵母细胞数和面积占比分别为 2.27%~5.03% 和0.10%~0.13%，平均占比分别为 3.64%(±1.93%)和 0.19%(±0.12%)；次级退化卵母细胞数和面积占比分别为 0.94%~3.44% 和 0.10%~0.29%，平均占比分别为 2.18%(±1.74%)和 0.19%(±0.12%)；退化卵黄卵母细胞数和面积占比分别为 4.55%~8.49% 和 0.66%~1.36%，平均占比分别为 6.01%(±2.16%)

和 0.93％(±0.37％)；空滤泡数和面积的切面占比分别为 8.95％～11.33％ 和
6.43％～9.42％，平均占比分别为 9.91％(±1.26％) 和 7.90％(±2.09％)。生殖
细胞大小以 200～400μm 和 650～900μm 为主，并出现了成熟卵子分布的小峰值
区间，即 1100～1150μm；同时退化卵母细胞以平均直径 200～250μm 的退化卵黄
卵母细胞为主[图 4-12(b)]。

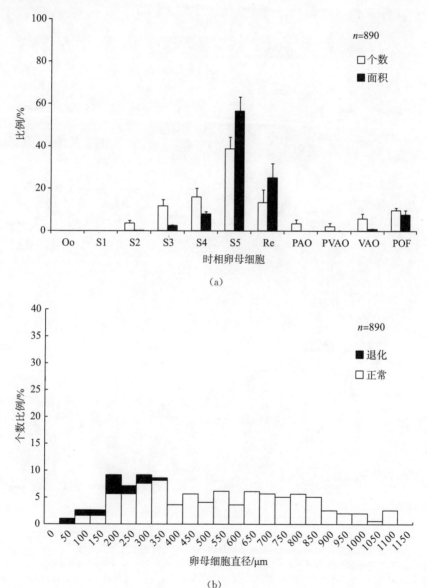

(a)

(b)

图 4-12 第Ⅵ时期卵巢的时相卵母细胞个数及其面积的平均占比分布和卵母细胞平均直径分布

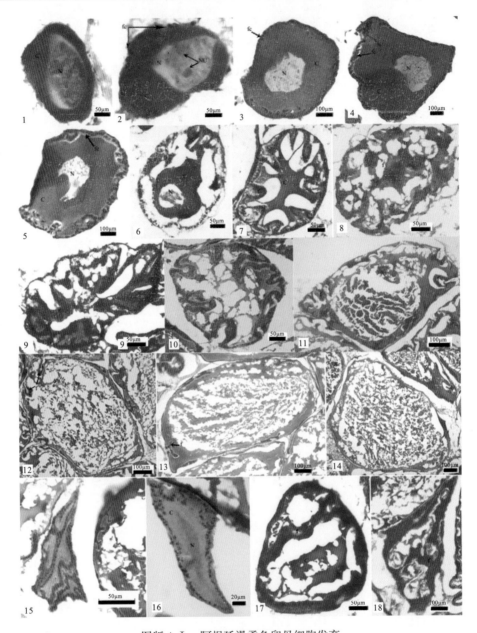

图版 4-Ⅰ 阿根廷滑柔鱼卵母细胞发育

1. 卵原细胞；2. 第1时相卵母细胞早期；3. 第1时相卵母细胞后期；4. 第2时相卵母细胞早期；5. 第2时相卵母细胞后期；6. 第3时相卵母细胞早期；7. 第3时相卵母细胞中期；8. 第3时相卵母细胞后期；9. 第4时相卵母细胞早期；10. 第4时相卵母细胞中期；11. 第4时相卵母细胞后期；12. 第5时相卵母细胞早期；13. 第5时相卵母细胞后期；14. 成熟卵子；15. 排卵后空滤泡；16. 初级退化卵母细胞；17. 次级退化卵母细胞；18. 退化卵黄卵母细胞；C. 细胞质；f. 滤泡细胞内折；fc. 滤泡细胞；N. 细胞核；NU. 核仁

4.2.7 卵巢发育的非生物学因子关系

阿根廷滑柔鱼卵巢发育的组织学性腺指标(HMI)的最佳 GAM 显示，海表面温度、叶绿素浓度和月份等参数对卵巢生长发育产生显著影响，模型偏差解释率为 66.60%(表 4-4)。其中，卵巢发育与海表面温度呈负相关关系，随着温度上升，卵巢发育水平降低，并以 10℃为一个参考值，<10℃时发育水平较高，>10℃时发育水平相对较低[图 4-13(a)]。叶绿素浓度≈0.50mg/m³ 和 0.65mg/m³ 时，卵巢发育水平相对较低；而在叶绿素浓度≈0.61mg/m³ 和 0.80mg/m³ 时，卵巢发育水平相对较高[图 4-13(b)]。卵巢发育的组织学性腺指标在 2 月和 5~6 月时，指标值相对较低，并在 2 月最低；在 3~4 月时，指标值最高，说明 3~4 月不是阿根廷滑柔鱼的产卵季节，而 2 月可能是该属种的一个产卵高峰季节[图 4-13(c)]。

表 4-4 卵巢发育与海洋环境因子、海域和月份的最佳 GAM 拟合模型

响应变量	解释变量					偏差解释	AIC
	海表面温度	叶绿素浓度	海平面高度	区域	月份		
组织学性腺指数 HMI	$F=0.49$ $P<0.05$	$F=9.72$ $P<0.001$	—	—	$F=5.75$ $P<0.05$	66.60%	327.58

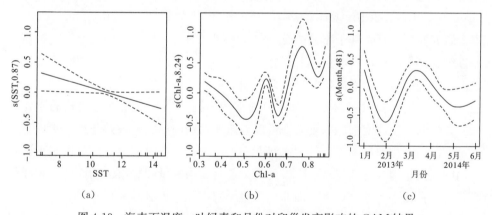

图 4-13 海表面温度、叶绿素和月份对卵巢发育影响的 GAM 结果

4.3 分析与讨论

一般地，头足类属种的卵巢及其卵母细胞的发育是一个生长、成熟、排卵和衰败等的过程。在组织学上，生殖细胞的生长发育及其与滤泡细胞的关系，以及滤泡细胞的形态结构变化，往往被作为时相卵母细胞的划分标准(Lusis，1963;

Hirose，1972；Ortiz，2013；Sieiro et al.，2014）。本章研究时相卵母细胞的划分，以胞质染色与分布、胞核形态变化、滤泡细胞的形态结构变化，以及卵黄物质的出现与否等为标准，将卵母细胞划分为 5 个时相，与 Selman 和 Arnold（1972）、Melo 和 Sauer（1999）、蒋霞敏等（2007）等的时相卵母细胞分期标准是一致的。

本章研究将卵黄物质开始形成至发育为成熟卵子前的卵母细胞划分为两个时相，即第 4 时相卵母细胞和第 5 时相卵母细胞。因为第 4 时相卵母细胞是内折滤泡细胞层剧烈退缩、卵黄物质大量合成并积累的重要时期（Sauer and Lipiński，1990），而第 5 时相卵母细胞则主要是退缩滤泡细胞层进一步闭合、形成完整的卵膜和光滑滤泡细胞层的重要时期（Melo and Sauer，1999；Selman 和 Arnold，1977）。此外，这两个时相卵母细胞的划分也为基于时相卵母细胞分布进行卵巢发育时期确定的划分标准（Ortiz，2013；Sieiro et al.，2014），在阿根廷滑柔鱼属种中的应用具有更为实际的理论指导意义。因为阿根廷滑柔鱼类似于其他大洋性柔鱼类，具有两条输卵管用于储存发育成熟的卵子，输卵管存储成熟卵子的过程正是其个体生理性成熟和功能性成熟的重要过程，更符合开展阿根廷滑柔鱼个体生长和卵巢发育研究的要求。

卵巢组织切片时相卵母细胞发育及其分布规律，已经广泛地应用于爬行类、鱼类、头足类等属种的卵巢发育时期划分并进行形态学卵巢时期划分的验证等（Lubzens et al.，2010；Ortiz，2013；Sieiro et al.，2014；Vitale et al.，2006）。本章研究发现，首先基于卵巢切面上空滤泡细胞的有无判断，再以卵巢组织切面卵母细胞面积占比进行卵巢时期划分标准为参考，结合组织切面时相卵母细胞个数占比，进行阿根廷滑柔鱼卵巢发育时期的划分，具有更为灵活的实用性，也更能反映个体的卵巢发育时期。空滤泡细胞的出现是卵巢开始发育成熟的重要特征。首先判断空滤泡细胞的有无，可以迅速地判别卵巢发育成熟与否，然后再以卵巢切面的时相卵母细胞个数占比和面积占比进行卵巢时期划分，可以减少卵巢时期的误判。因为研究发现，阿根廷滑柔鱼有相当数量卵巢组织切面的时相卵母细胞面积占比小于划分标准，而卵母细胞个数占比却占有绝对优势，若仅基于卵巢组织切面卵母细胞面积占比这一指标进行卵巢时期划分是难以具体定义卵巢时期的。Sauer 和 Lipiński（1990）也发现，基于单一卵巢切面时相卵母细胞形态进行卵巢时期划分的标准，进行真枪乌贼 *Loligo vulgaris reynaudii* 性腺成熟期的卵巢时期的划分有所欠妥。

从组织学角度，本章研究再次证明阿根廷滑柔鱼的卵巢发育是一次性的。随着卵巢发育，低时相卵母细胞的个数占比和面积占比逐渐减少，第 V 时期卵巢和第 VI 时期卵巢的卵原细胞和第 1 时相卵母细胞已经消失，说明卵母细胞自第 V 时期卵巢后便停止新增长和卵巢一次性发育生长的特性。此外，这两个时期卵巢的卵母细胞大小分布也显示，直径小于 100 μm 的卵母细胞不存在，取而代之的则是少量的退化初级卵母细胞。Laptikhovsky 和 Nigmatullin（1993）基于卵巢卵母细胞的形态学分析也发现，自性腺发育未成熟后期开始，阿根廷滑柔鱼、滑柔鱼（*Illex illecebrosus*）、科氏滑柔鱼（*Illex coindeti*）等滑柔鱼属种卵巢中直径 <0.05mm 的卵母细胞已经消失，并认为这是卵巢卵母细胞停止增长的重要特征。在柔鱼科中，具有相似成熟卵子平均直径大小（≈1.00mm）的鸢乌贼属、褶柔鱼属、茎柔鱼属等属种的卵巢发育，亦表现为自性腺开始发育生长后，卵巢中均不可见直径 <0.05mm 的卵母细胞（Snÿder，1998）。

在已定义的卵巢发育时期基础上，阿根廷滑柔鱼时相卵母细胞的生长发育表现为逐步前移的单峰型。随着卵巢发育，低时相卵母细胞逐渐减少，甚至消失；高时相卵母细胞逐渐增加，并逐步出现退化卵母细胞和空滤泡细胞。说明阿根廷滑柔鱼卵巢的发育模式为同步发育模式。这种发育模式类似于在深海生活的强壮桑椹乌贼和南极黵乌贼（*Gonatus antarcticus*），在性腺发育成熟前卵巢卵母细胞以一个批次模式同步发育，并认为这是终端产卵策略的特征之一。而有别于多次产卵的 *Photololigo* sp.（Moltschaniwskyj，1995）和真枪乌贼 *Loligo vulgaris reynaudii*（Melo and Sauer，1999），卵巢组织切片显示，这两个属种的卵巢卵母细胞为异步发育，不同时期卵巢含有多个批次发育水平的卵母细胞。

卵巢同步发育模式是间歇性产卵的重要特征，并且这种卵巢发育模式下的属种在性腺成熟时卵巢卵母细胞往往表现为大小分布范围广且处于多个不同的发育时相。本章研究基于卵巢时期卵母细胞大小分布的结果也显示，阿根廷滑柔鱼 Ⅰ~Ⅲ 时期卵巢卵母细胞大小分布只有一个峰值区间，峰值区间逐渐增大；Ⅳ~Ⅵ 时期卵巢卵母细胞大小分布范围广，并逐步出现多个小峰值区间。说明在性腺发育成熟前，阿根廷滑柔鱼卵巢卵母细胞是同步发育的，性腺成熟后卵巢卵母细胞则批次发育成熟，进行间歇性产卵。这种间歇性产卵模式有别于瞬时终端产卵模式，后者为卵黄卵母细胞大小及其数量在性腺发育期间和产卵期间均表现为一个生长模式。

卵巢发育的组织学性腺指数是从组织学角度反映个体性腺发育生长的一个重要指标，更能反映个体繁殖产卵前的性腺发育真实水平（Ortiz，2013；Sieiro et al.，2014）。本章研究基于卵巢发育的组织学性腺指数，利用广义可加模型（GAM）进行卵巢发育与海表面温度、叶绿素浓度、海平面高度等海洋环境因子，以及采样海域和采样月份之间的拟合分析显示，海表面温度、叶绿素浓度和月份等参数对阿根廷滑柔鱼的卵巢发育具有显著性的影响，海平面高度、采样海域等影响不显著。说明海表面温度、叶绿素浓度等海洋环境因子与阿根廷滑柔鱼的生长发育关系密切,同时该属种具有不同的产卵季节。Brunetti 和 Ivanovic(1992)曾报道,阿根廷滑柔鱼的早期生活史与水温密切相关,喙头仔鱼(rhynchoteuthion larvae)生活水温不低于 14℃,稚鱼(juvenile)集中分布的水域温度为 6~10℃。本研究的分析结果也显示,阿根廷滑柔鱼的卵巢发育水平与表层水温呈显著的负相关关系,10℃以内,卵巢发育水平较高,大于 10℃时则较低。同科属的科氏滑柔鱼(*Illex coindetii*)稚鱼也表现出表面水温的敏感性(Lefkaditou et al.,2008),因为表层水温是性腺发育的最重要影响因素之一。

　　这种不同生活史阶段对栖息水域温度的不同需求的特性,可能也与其"索饵育肥—产卵洄游"的繁殖习性相关。一般地,阿根廷滑柔鱼的生活史前期进行南下的索饵洄游,生活史后期则进行北上或向岸的产卵洄游,产卵场与巴西海流和福克兰海流密切相关(Portela et al.,2012),索饵育肥场则主要分布在巴塔哥尼亚陆架海域和陆架坡海域,因为陆架、陆架坡海域具有适宜的水温梯度、丰富的初级生产力。本章研究的 GAM 分析结果也显示,叶绿素浓度在 0.61mg/m³ 和0.80mg/m³ 左右时阿根廷滑柔鱼的卵巢发育水平相对较高。国内学者研究也发现,阿根廷滑柔鱼群体适宜的叶绿素浓度在 0.4~1.5mg/m³,而基于表温和叶绿素浓度的栖息地指数模型预报中心渔场准确率可在 70%以上(高峰等,2011)。

　　此外,阿根廷滑柔鱼的卵巢发育水平与月份密切相关。一般地,月份间卵巢发育水平可作为产卵季节的判断之一(Hastie et al.,1994;Salman,2010),并且 GAM 分析表现为非产卵季节的卵巢发育水平相对较高(Sánchez 和 Demestre,2010)。研究分析显示,阿根廷滑柔鱼的卵巢发育水平在 3~4 月时最高,而在 2月时最低,说明 2 月可能是该属种的一个繁殖产卵期。Brunetti 等(1991)也曾报道 2 月份是阿根廷滑柔鱼夏季产卵的盛期;Brunetti 等(1998)也曾报道 1~4 月是阿根廷滑柔鱼的孵化期,3 月是孵化盛期。

　　综上所述,基于卵巢组织切片分析,阿根廷滑柔鱼卵巢发育表现为一次性的、同步的发育模式。随着时期卵巢发育,低时相卵母细胞不断向高时相卵母细胞发育生长,时相卵母细胞的分布表现为逐步前移的单峰型,并且在进入卵黄卵母细胞合成盛期(第 4、第 5 时相)后,新生卵母细胞停止增长,在性腺发育成熟后,卵巢卵母细胞则批次成熟,间歇性产卵。同时,该属种的卵巢发育与海表面温度、叶绿素浓度和月份等密切相关,是影响卵巢发育水平的重要的非生物学因素。然而,由于本次实验样本均为产卵前个体,下一步将需要增加产卵个体和产卵后个体的研究,从组织学分析角度进一步加以确证该种群的产卵策略,并从卵巢发育水平进行该属种产卵策略选择的海洋环境等非生物学因子的适应性研究。

第5章 肌肉和性腺组织能量积累及其生殖投入的研究

　　能量积累及其生殖投入分配是物种生活史的主要特征，详细了解大洋性经济头足类的组织能量积累及其分配，有助于开展繁殖策略等生物学的研究，在资源开发和保护管理上具有理论和实际指导意义。头足类鞘亚纲属种多数具有生命周期短、终生一次繁殖的生活史特点，在肌肉组织和性腺组织能量积累及其分配方面也表现出了属种特殊性(Moltschaniwskyj and Carter，2013)。目前，关于头足类组织能量积累及其分配的研究已见报道于乌贼(*Sepia officinalis*)(Keller et al.，2014)、真蛸(*Octopus vulgaris*)(Otero et al.，2007)、澳洲双柔鱼(*Nototodarus gouldi*)(McGrath 和 Jackson，2002)、枪乌贼(*Loligo vulgaris*)(Sánchez and Demestre，2010)、强壮桑椹乌贼(*Moroteuthis ingens*)(Jackson et al.，2004)、福氏枪乌贼(*Loligo forbesi*)(Collins et al.，1995；Smith et al.，2005)等属种，这些属种的生殖投入表现主要为来自体内存储能量、来自饵料摄食，以及来自饵料摄食但牺牲个体生长等三种模式，并因此表现出不同的繁殖策略。

　　阿根廷滑柔鱼是我国远洋鱿钓渔业的重要捕捞对象，在 2007~2008 年的年最高绝对产量近 20×10^4 t。近年来，由于该资源种群结构复杂、种群资源量年间波动大、在西南大西洋海洋生态系统中具有重要地位(Arkhipkin，2012)等特点，阿根廷滑柔鱼渔业种群和沿岸种群的研究再次引起重视，如主要渔业种群的年龄生长和种群结构、夏季产卵群体的繁殖生物学，以及阿根廷沿岸海域分布的种群结构等方面有见研究报道。然而，在组织能量积累及其投入分配方面未见研究报道。本章利用组织密度测定技术，观察研究阿根廷滑柔鱼肌肉组织和性腺组织的能量变化及其分配；同时，利用广义可加模型(generalized additive model，GAM)进行肌肉组织能量和性腺组织能量与海洋环境因子、采集海域和月份等关系研究，旨在了解阿根廷滑柔鱼的组织能量积累分配规律，确定生殖投入，探讨产卵策略的生殖投入适应性特征。

5.1　材料和方法

5.1.1　样本采集

阿根廷滑柔鱼样本来自阿根廷公海海域作业的"沪渔 908"鱿钓渔船。样本采集时间为 2014 年 4~6 月，采集海域为 $41°56'~47°11'S$，$57°48'~60°45'W$（见"第 2 章材料和方法"）。根据鱿钓渔船海洋作业地点流动、作业持续时间短等特点，样本每周采集一次，海上全鱼经冷冻保藏后运回实验室进行分析。

5.1.2　生物学测定

样本在实验室解冻后进行生物学测定，共测定雌性样本 226 尾，测定项目包括胴长（mantle length，ML）、胴体腔重（mantle weight，MW）、足腕重（arm weight，AW）、尾鳍重（fin weight，FW）、性腺成熟度（maturity stage，MAT）、卵巢重（ovary weight，OvaW）、缠卵腺重（nidamental gland weight，NGW）、输卵管复合体重（含输卵管和卵管腺）（oviducal complex weight，OviW）。胴长测定精确到 1mm，胴体腔重、足腕重和尾鳍重测定精确到 1g，卵巢重、缠卵腺重、输卵管复合体重等测定精确到 0.01g。

阿根廷滑柔鱼样本生殖系统发育划分，以 Arkhipkin（1992）和 ICES（2010）性腺成熟度划分标准为基础，结合笔者的观察结果进行描述，共划分为 Ⅰ、Ⅱ、Ⅲ、Ⅳ、Ⅴ、Ⅵ、Ⅶ和Ⅷ等八个时期（表 2-1）。其中，Ⅰ期未发育，Ⅱ期开始发育，Ⅲ期生理性发育，Ⅳ~Ⅴ期生理性发育成熟，Ⅵ期功能性发育成熟，Ⅶ期排卵，Ⅷ期排卵结束。Ⅰ~Ⅲ期为性腺发育未成熟期，Ⅳ~Ⅵ期为性腺发育成熟期，Ⅶ期为繁殖期，Ⅷ期为繁殖后。

5.1.3　组织能量测定

根据性腺成熟度等级，采集胴体腔（腹部）和足腕（左第 4 足腕）等 2 个肌肉组织，卵巢、缠卵腺和输卵管复合体等 3 个性腺组织，称取样本湿重（wet weight，WeW）。其中，肌肉组织采集平均 5.00g，性腺组织整体采集。

采集组织样本的 Christ Alpha 1-4/LDplus 冷冻干燥机$-80℃$冷冻干燥，称取干重（dry weight，DW）；干燥样本 Retsch MM400 研磨机下研磨粉碎，在 Parr 6100 型氧弹热量仪中测定样本能量密度（energy density，ED）。

胴体腔、足腕、卵巢、缠卵腺和输卵管复合体等组织的能量(tissue energy,TiE)计算公式为

$$TiE = ED \times TWeW \times \frac{DW}{WeW}$$

式中，TiE 为胴体、足腕、卵巢、缠卵腺和输卵管复合体等的组织能量，分别表示为 TiEMa、TiEAr、TiEOva、TiENid、TiEOvi，单位 kJ；ED 为组织的能量密度，单位 kJ/g；TWeW 为组织的总湿重，单位为 g，分别对应胴体腔、足腕、卵巢、缠卵腺和输卵管复合体等的重量，即 MW、AW、FW、OvaW、NGW 和 OviW；DW 为组织冷冻干燥后的干重，单位为 g；WeW 为组织冷冻干燥前的湿重，单位为 g。

5.1.4　组织能量投入占比

基于胴体、足腕、卵巢、缠卵腺和输卵管复合体等组织能量测定，假设鱼体总能量等于这些组织能量之和(total energy, ToE)，进行胴体、足腕、卵巢、缠卵腺和输卵管复合体等组织在同一性腺成熟度等级下的能量占比计算。同一性腺成熟度等级的组织能量占比(percent of tissue energy, P_{TiE})计算公式为

$$P_{TiE} = \frac{TiE}{ToE} \times 100\%$$

式中，P_{TiE} 为组织能量占比，单位%；TiE 为胴体、足腕、卵巢、缠卵腺和输卵管复合体等组织能量，分别表示为 TiEMa、TiEAr、TiEOva、TiENid、TiEOvi，单位 kJ；ToE 为鱼体总能量，单位 kJ。

5.1.5　组织能量投入分配

重量-大小线性关系的残差指标往往用于表征鱼类、头足类等属种个体的质量体征(Green，2001)，残差指标具有基于个体水平但独立于个体大小而表征个体质量体征的优势，反映个体质量特征与生殖投入、能量分配、个体生存，以及栖息地适宜等之间的关系(Stevenson and Woods，2006；Barakat et al.，2011；Argüelles 和 Tafur，2010)。

因此，本实验使用 Model II 回归方法(Legendre，1998)，进行胴体组织能量-胴长(TiEMa-ML)、足腕组织能量-胴长(TiEAr-ML)、性腺组织能量-胴长(TiEGo-ML)等线性回归分析，求取胴体、足腕、性腺(卵巢、缠卵腺、输卵管复合体)等组织能量的残差并标准化。残差为负值，表征个体质量体征不佳；残

差为正值，表征个体质量体征良好（Pecl et al.，2004）。性腺组织能量－胴长残差与胴体、足腕等肌肉组织能量－胴长残差呈正相关关系，表征性腺发育过程中肌肉组织不进行能量转化用于性腺组织的生长；呈负相关关系，表征性腺发育过程中肌肉组织进行能量转化并用于性腺组织的生长（Pecl et al.，2004）。

5.1.6　组织能量积累变化的非生物学因子关系

头足类属种的海洋环境适应性敏感，组织能量积累变化与海洋环境、时空分布等关系紧密，尤其是生殖投入以饵料摄食为主的属种表现出与初级生产力、海水温度等环境因子的关系密切（Quetglas et al.，2011）。阿根廷滑柔鱼的生活史主要与巴西海流和福克兰海流密切相关，尤其与巴塔哥尼亚陆架的暖锋水团（thermal front）关系紧密。该属种的孵化场特征表现为锋面水团少、适宜水温水团丰富，稚鱼期主要分布在大陆架浅层水域索饵，性腺发育成熟时垂直洄游至较深水域。

GAM 可以直接处理响应变量和多个解释变量之间的非线性关系，并且可用于进行环境因子和其他非生物参数因子等与响应变量的模型拟合分析（Wood，2008）。因此，本章研究采用 GAM 进行胴体、足腕、卵巢、缠卵腺和输卵管复合体等组织能量与海表面温度（sea-surface temperature，SST）、叶绿素浓度（Chlorophyll-a，Chl-a）和海平面高度（sea-surface height，SSH）等海洋环境因子，以及采样月份（month）、采样海域（location）等非生物学因子之间的拟合分析，以获得阿根廷滑柔鱼肌肉和性腺组织能量积累变化的非生物学因子关系。GAM 的表达形式如下：

$$\lg(\mathrm{TiE}) \sim s(\mathrm{SST}) + s(\mathrm{Chl\text{-}a}) + s(\mathrm{SSH}) + s(\mathrm{month}) + s(\mathrm{location})$$

式中，$s(\ )$ 为薄板收缩到零的回归样条平滑（thin plate regression splines with shrinkage，ts）；TiE 为胴体、足腕、卵巢、缠卵腺和输卵管复合体等的组织能量；SST 为海表面温度；Chl-a 为叶绿素浓度；SSH 为海平面高度；month 为月份；location 为采样海域。利用 gam. check（mgcv）进行模型数据的检验显示（Wood，2006），胴体、足腕和输卵管复合体等组织能量的误差分布估计为 Gamma 分布，卵巢和缠卵腺等组织能量的误差分布估计为 Quasipoisson 分布。以 AIC 信息准则（Akaike information criterion）进行 GAM 拟合优度检验，其值越小，表明模型的拟合效果越佳（Wood，2006）。利用 F 检验评估各因子的显著性。

其中，海表面温度、叶绿素浓度和海平面高度等海洋环境因子数据来源于美国NOAA 全球海洋观测数据库（http://oceanwatch. pifsc. noaa. gov/las/servlets/index），时间为 2013 年 1～3 月和 2014 年 4～6 月，时间分辨率为周；海表面温度的空间分辨率为 $0.1° \times 0.1°$，叶绿素的空间分辨率为 $0.05° \times 0.05°$，海平面高度的空间分辨率为 0.25°×0.25°。对于采样海域，根据样本采集的经纬度特点，划分 42°S 附近为东北部海域(northeast part，NeP)，45°S 附近为中部海域(central part，CP)，47°S 附近为南部海域(south part，SP)(见第 2 章"材料和方法")。

实验数据分析，应用 Excel 2007 和 SPSS 20.0 等进行处理。Model II 回归分析、GAM 拟合分别采用 R 语言的 lmodel2 数据包和 mgcv 数据包(http：//www. r-project. org/)进行处理分析。

5.2　研　究　结　果

5.2.1　组织能量密度

分析显示，阿根廷滑柔鱼雌性个体足腕、胴体、卵巢、缠卵腺和输卵管复合体等组织之间的能量密度(表 5-1)以卵巢组织能量密度值最大，平均值为 25.15 ± 2.08kJ/g；次之为输卵管复合体的能量密度值，平均值为 25.12 ± 3.02kJ/g；缠卵腺能量密度值最小，平均值为 21.49 ± 1.46kJ/g。不同性腺成熟度等级，以 VI 期的输卵管复合体能量密度值最大，平均值为 27.95 ± 0.64kJ/g；次之为 V 期的输卵管复合体能量密度值，平均值为 27.82 ± 0.69kJ/g；IV 期缠卵腺的能量密度值最小，平均值为 21.49 ± 1.46kJ/g。

同时，ANOVA 单因素方差检验显示(表 5-1)，不同性腺成熟等级下，胴体腔、足腕、缠卵腺等组织的能量密度不存在显著性差异，卵巢和输卵管复合体等组织的能量密度则存在显著性差异。Tukey HSD 检验结果显示，卵巢组织能量密度根据性腺成熟度等级可划分为三个组别，I 期和 II 期第一个组别($P=0.549$)，II 期和 III 期第二个组别($P=0.064$)，IV 期、V 期和 VI 期第三个组别($P=0.400$)；根据性腺成熟度等级，输卵管复合体组织能量密度可划分为两个组别，I~III 期第一个组别($P=0.976$)，IV~VI 期第二个组别($P=0.453$)。

表 5-1　阿根廷滑柔鱼雌性个体各组织的能量密度(kg/g)

		足腕	胴体	卵巢	缠卵腺	输卵管复合体
	I	22.21 ± 0.46	23.41 ± 1.45	22.19 ± 0.44	21.61 ± 1.52	21.59 ± 0.84
	II	22.39 ± 0.76	23.46 ± 0.63	22.93 ± 0.01	21.53 ± 1.35	22.08 ± 0.13
	III	22.27 ± 0.45	23.54 ± 0.74	24.36 ± 0.15	21.78 ± 2.24	21.92 ± 1.31
性腺成熟度	IV	22.98 ± 0.31	22.95 ± 0.26	26.29 ± 0.53	20.21 ± 1.73	26.59 ± 0.52
	V	23.43 ± 0.48	23.73 ± 0.74	27.16 ± 0.22	22.71 ± 0.04	27.82 ± 0.69
	VI	23.16 ± 0.38	23.50 ± 0.74	26.95 ± 0.81	21.69 ± 1.46	27.95 ± 0.64
	总体	22.75 ± 0.60	23.42 ± 0.68	25.15 ± 2.08	21.49 ± 1.46	25.12 ± 3.02

续表

		足腕	胴体	卵巢	缠卵腺	输卵管复合体
方差齐性检验	Levene 统计量	1.545	3.255	3.209	3.269	2.335
	p	0.269	0.059	0.055	0.101	0.137
单因素方差检验 ANOVA	F	2.953	0.342	53.001	0.647	40.399
	p	0.075	0.875	0.000	0.676	0.000

5.2.2　肌肉组织能量

阿根廷滑柔鱼雌性个体胴体、足腕等肌肉组织的能量分别为 569.62～2085.01kJ 和 299.62～1379.39kJ，平均值分别为 1107.13±300.26kJ 和 638.89±196.89kJ。随着个体性腺发育，胴体和足腕组织的能量不断积累。其中，胴体组织在Ⅲ期时达到能量积累最大值，为 1336.57±217.05kJ，随后有所下降，在Ⅵ期能量积累为 1202.42±186.39kJ；同样，足腕组织在Ⅲ期时达到能量积累最大值，为 775.12±154.91kJ，Ⅳ～Ⅵ期能量积累下降且呈波动状，在Ⅵ期时出现一小高峰，为 734.92±172.17kJ(图 5-1)。

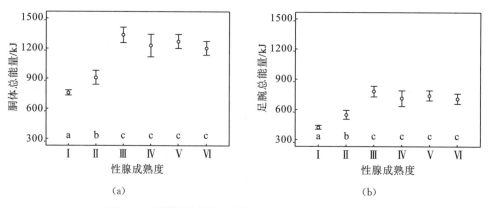

图 5-1　不同性腺成熟度胴体和足腕肌肉组织能量分布

ANOVA 检验显示，不同性腺成熟度等级，胴体、足腕等两肌肉组织的能量积累存在显著性差异(胴体：$F=51.448$，$P=0.000$；足腕：$F=37.758$，$P=0.000$)。其中，Tukey HSD 多重比较进一步显示，自性腺成熟度Ⅲ期以后，胴体、足腕等两肌肉组织的能量积累不存在显著性差异(胴体：$P=0.069$；足腕：$P=0.266$)(图 5-1)。

5.2.3 性腺组织能量

阿根廷滑柔鱼雌性个体卵巢组织的能量为 0.73～607.35kJ，平均值为 207.14±163.78kJ。随着个体性腺发育，组织能量不断增大［图 5-2（a）］。ANOVA 检验显示，不同性腺成熟度的卵巢组织能量存在显著性差异（$F=$ 304.05，$P=0.000$），在 Ⅰ～Ⅱ期组织能量增长比较缓慢（Tukey HSD：$P=$ 0.817），随后能量增长迅速，在 Ⅴ 期能量达到最大值，平均值为 368.06± 67.34kJ；Ⅵ期稍下降，平均值为 343.09±64.16kJ；Ⅳ～Ⅵ期能量差异性不显著 （Tukey HSD：$P=0.153$）。

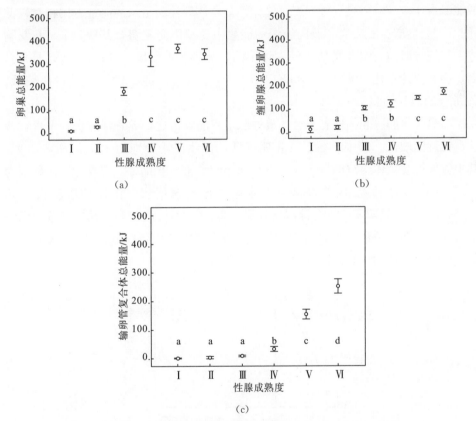

图 5-2 不同性腺成熟度卵巢、缠卵腺和输卵管复合体等性腺组织能量分布

缠卵腺组织能量为 0.18～321.07kJ，平均值为 95.08±71.74kJ［图 5-2（b）］。ANOVA 检验显示，不同性腺成熟度之间组织能量存在显著性差异（$F=144.81$，$P=0.000$）。类似于卵巢组织，Ⅰ～Ⅱ期能量增长平缓（Tukey HSD：$P=$ 0.873），Ⅵ期能量达到最大，平均值为 175.11±37.21kJ。

输卵管复合体组织能量为 0.09～520.13kJ，平均值为 251.64±67.98kJ
[图 5-2(c)]。ANOVA 检验显示，不同性腺成熟度之间组织能量存在显著性差异
（$F=254.29$，$P=0.000$）。其中，Ⅰ～Ⅲ期输卵管复合体组织能量增长缓慢
（Tukey HSD：$P=0.970$），平均值分别为 0.82±0.73kJ、3.80±10.87kJ 和 8.11
±5.26kJ；Ⅳ 期后，能量增长迅速，Ⅵ 期时达到最大，平均值为 251.64
±67.98kJ。

5.2.4　肌肉组织和性腺组织能量占比

对于同一性腺成熟度等级，阿根廷滑柔鱼雌性个体的胴体、足腕等肌肉组织
的能量占比较高，卵巢、缠卵腺、输卵管复合体等性腺组织的能量占比相对较低
（图 5-3）。随着生长发育，肌肉组织的能量占比呈下降趋势，其中，Ⅰ～Ⅱ期胴
体、足腕等肌肉组织能量的合计占比很高，分别为 98.33％和 96.77％；Ⅲ～Ⅳ
期，两者合计占比分别为 87.49％和 80.15％；Ⅴ～Ⅵ期，两者合计占比较低，
分别为 74.71％和 71.10％。

卵巢、缠卵腺和输卵管复合体等性腺组织能量占比，随着性腺生长发育，合
计占比逐渐增大。其中，在Ⅰ～Ⅱ期较低，合计占比分别为 1.67％和 3.23％，
其中输卵管复合体组织能量占比均不足 0.30％。Ⅲ～Ⅳ期，三者合计占比分别为
12.51％和 19.85％，其中卵巢组织能量占比迅速增大，在Ⅳ期能量占比达
13.54％。Ⅴ、Ⅵ期，三者合计占比分别为 25.29％和 28.90％，其中卵巢组织能
量占比在Ⅴ期达到最大值，为 13.864％；缠卵腺组织能量占比和输卵管复合体
组织能量占比，均在Ⅵ期达到最大值，分别为 6.53％和 9.43％。

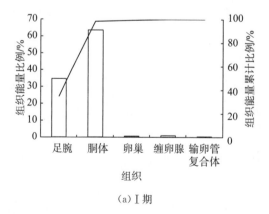

（a）Ⅰ期

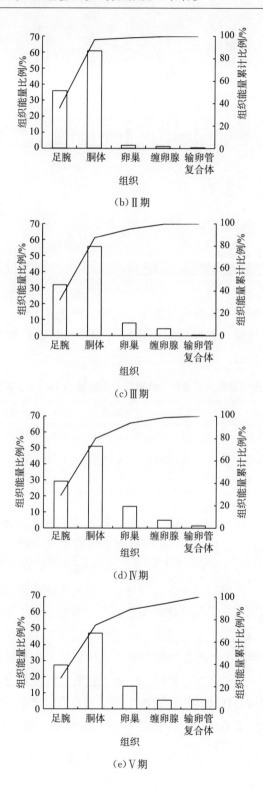

(b) II 期

(c) III 期

(d) IV 期

(e) V 期

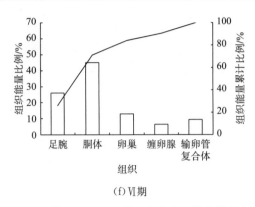

(f) Ⅵ期

图 5-3　不同性腺成熟度胴体、足腕、卵巢、缠卵腺和输卵管复合体等组织能量分布

5.2.5　肌肉、性腺组织能量分配

阿根廷滑柔鱼雌性个体胴长与胴体、足腕、性腺等组织能量的 Model Ⅱ 回归分析显示，胴体、足腕、性腺等组织能量与胴长呈显著的相关关系，相关系数 R^2 均大于 0.80（表 5-2）。

表 5-2　胴长与胴体、足腕、性腺等组织能量的 Model Ⅱ 回归参数表

	截距	95% CI（截距）	斜率	95% CI（斜率）	R^2	n
ML-TiEMa	−3.27	−3.58 ~ −2.98	2.59	2.47 ~ 2.72	0.87	226
ML-TiEAr	−4.27	−4.68 ~ −3.88	2.90	2.74 ~ 3.07	0.81	226
ML-TiEGo	−35.65	−38.44 ~ −33.05	15.57	14.50 ~ 16.72	0.84	226

胴长与胴体、足腕、性腺等组织能量回归方程的残差拟合分析显示（图 5-4），胴长−性腺组织能量残差与胴长−胴体组织能量残差呈负相关关系（Pearson 相关性：$r = -0.259$，$P = 0.000$），说明在生长发育过程中，阿根廷滑柔鱼将转化部分胴体组织能量用于性腺组织的生长发育。然而，胴体组织能量的转化较多发生在性腺成熟度Ⅲ～Ⅴ期，Ⅵ期胴体组织能量保持良好状态，而性腺组织能量则处于较差状态[图 5-4(a)]。

同时，胴长−性腺组织能量残差与胴长−足腕组织能量残差亦呈负相关关系（Pearson 相关性：$r = -0.230$，$P = 0.000$），说明生长发育过程中，阿根廷滑柔鱼足腕组织能量也部分转化用于性腺组织的生长发育。类似于胴体组织，足腕组织能量用于性腺组织发育生长的转化多发生在Ⅲ～Ⅴ期[图 5-4(b)]。

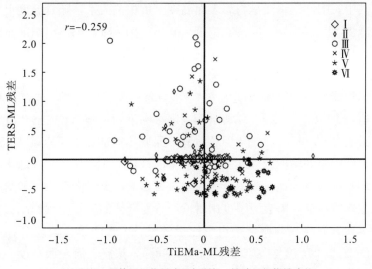

（a）胴长－胴体组织能量残差与胴长－性腺组织能量残差

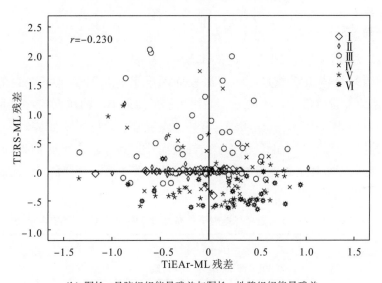

（b）胴长－足腕组织能量残差与胴长－性腺组织能量残差

图 5-4　胴长－组织能量残差关系图

5.2.6　组织能量与海洋环境因子、海域和月份的关系

阿根廷滑柔鱼胴体、足腕等肌肉组织能量的最佳 GAM 显示，叶绿素浓度和海平面高度均对肌肉组织能量的积累变化产生显著影响（表 5-3）。同时，胴体组织能量积累也受到海表面温度的影响，而足腕组织能量积累则与月份密切相关。这些因子对胴体、足腕等肌肉组织能量的最佳 GAM 偏差解释率分别为 71.6% 和

64.1%。其中，胴体组织能量与海表面温度呈负相关关系，随着温度上升，组织能量逐渐减少[图 5-5(a)]。叶绿素浓度≈0.46mg/m³ 时，胴体组织能量最小；叶绿素浓度≈0.61mg/m³ 和 0.85mg/m³ 时，胴体组织能量积累最大[图 5-5(b)]。胴体组织能量与海平面高度呈正相关关系[图 5-5(c)]。

足腕组织能量在叶绿素浓度为 0.4～0.7mg/m³ 增长显著，并在 0.61mg/m³ 附近能量值最大[图 5-6(a)]。在海平面高度影响下，足腕组织在 -42m 左右附近能量积累最大[图 5-6(b)]。随着月份推移，足腕组织能量不断积累[图 5-6(c)]。

卵巢、缠卵腺和输卵管等性腺组织能量的最佳 GAM 显示，叶绿素浓度和采样海域等均对性腺组织能量积累变化产生重要影响，海平面高度对卵巢和缠卵腺的能量积累影响显著，海表面温度则对输卵管复合体的能量积累影响突出。这些因子对卵巢、缠卵腺和输卵管等组织能量的最佳 GAM 模型偏差解释率分别为 85.9%、86.2% 和 70.8%（表 5-3）。其中，叶绿素浓度、海平面高度、采样海域等因子对卵巢和缠卵腺两者组织能量积累的影响基本一致（图 5-7、图 5-8）。在叶绿素浓度≈0.46mg/m³ 时，两者组织能量均最小，在叶绿素浓度≈0.85mg/m³ 时，两者组织能量均最大。海平面高度≈-42m 时，两者的组织能量积累最大。同时，两者组织能量从东北海域向南部海域逐渐减少。

输卵管复合体组织能量，随着海表面温度上升呈显著地下降趋势，约在 8.5℃时组织能量值最大，约在 10℃时组织能量值最小，约在 11℃时能量积累出现一个小高峰[图 5-9(a)]。输卵管复合体组织能量积累与叶绿素浓度呈正相关关系，随着叶绿素浓度增大能量积累呈线性增加[图 5-9(b)]。类似于卵巢和缠卵腺组织，输卵管复合体组织能量与采样海域呈负相关关系，并且自东北海域向南部海域呈显著地下降趋势[图 5-9(c)]。

表 5-3　组织能量与海洋环境因子、海域和月份的最佳 GAM 拟合模型

组织	解释变量					偏差解释	AIC
	表温	叶绿素浓度	海平面高度	区域	月份		
胴体	$F=0.33$, $P<0.05$	$F=9.59$, $P<0.001$	$F=0.22$, $P<0.05$	—	—	71.6%	2421.75
足腕	—	$F=4.76$, $P<0.001$	$F=0.63$, $P<0.05$	—	$F=6.41$, $P<0.001$	64.1%	2280.57
卵巢	—	$F=14.46$, $P<0.001$	$F=1.07$, $P<0.001$	$F=0.59$, $P<0.05$	—	85.9%	1895.45
缠卵腺	—	$F=14.67$, $P<0.001$	$F=1.72$, $P<0.001$	$F=1.26$, $P<0.05$	—	86.2%	1752.11
输卵管复合体	$F=25.46$, $P<0.001$	$F=0.80$, $P<0.01$	—	$F=6.28$, $P<0.001$	—	70.8%	1463.03

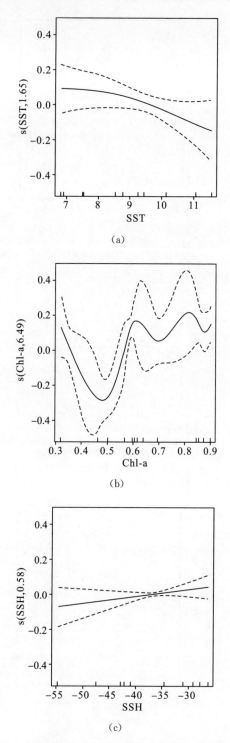

图 5-5　海表面温度、叶绿素浓度和海平面高度对胴体组织能量影响的 GAM 结果

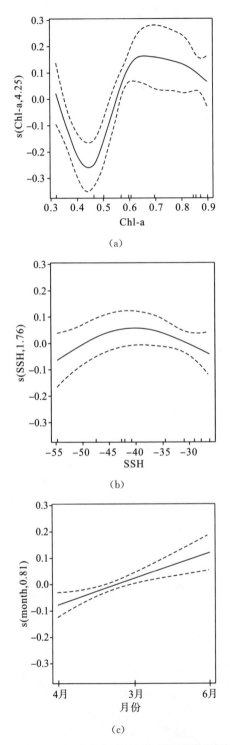

图 5-6　叶绿素浓度、海平面高度和月份对足腕组织能量影响的 GAM 结果

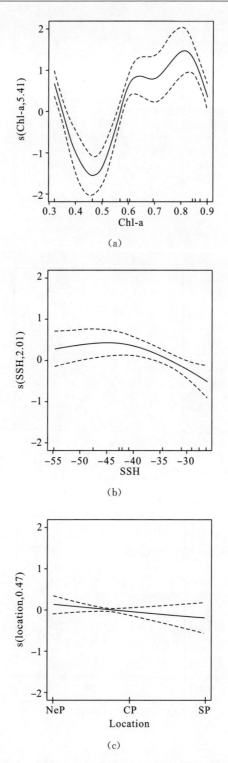

图 5-7　叶绿素浓度、海平面高度和海域对卵巢组织能量影响的 GAM 结果

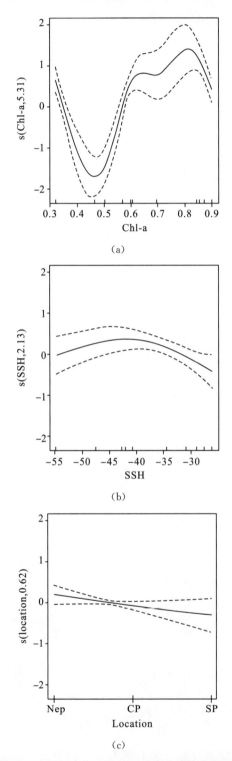

(a)

(b)

(c)

图 5-8　叶绿素浓度、海平面高度和海域对缠卵腺组织能量影响的 GAM 结果

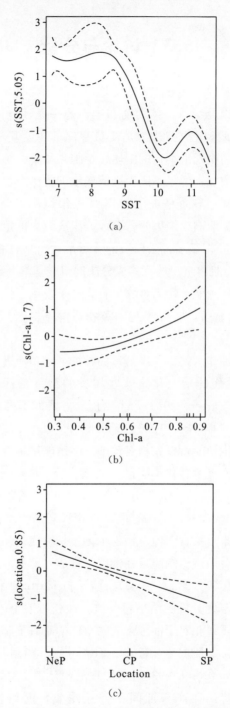

图 5-9   海表面温度、叶绿素浓度和海域对输卵管复合体组织能量影响的 GAM 结果

5.3 讨论与分析

一般地，头足类属种因其寿命短、生长快、能量代谢率高，摄食获得的能量主要用于生长发育，以及维持机体活动和生长的平衡（Boyle，1987；Navarro et al.，2014）。其中，肌肉组织被认为是能量存储的主要场所之一。本章研究发现，随着性腺发育，阿根廷滑柔鱼的胴体、足腕、卵巢、缠卵腺和输卵管复合体等组织能量积累逐渐增加，但是不同性腺成熟度下胴体、足腕等肌肉组织的能量密度基本一致，而卵巢、输卵管复合体等性腺组织的能量密度差异显著（$P < 0.5$）。这可能与头足类肌肉组织里的营养成分组成较为恒定且单一相关。头足类属种肌肉组织的成分分析显示，蛋白质的含量最为丰富且相对稳定，雌雄之间、不同性腺成熟度之间，肌肉组织的营养成分比例组成基本一致（Rosa et al.，2004；Zlatanos et al.，2006）。然而，随着性腺发育、配子发生，性腺组织的蛋白质和氨基酸等营养成分增加显著，卵母细胞卵黄物质等不断合成并积累（Rosa et al.，2004）。

同时，头足类属种作为终生一次繁殖的种类，成功地进行组织能量积累及有效分配以获得繁衍后代的最大化是这些属种的最终目标（Kear et al.，1995；Moltschaniwskyi and Carter，2013），生殖投入方式的不同则反映了产卵策略选择的差异性（Wells and Clarke，1996；McBride et al.，2013）。其中，头足类属种中，多次产卵者的生殖能量投入相对较低，生殖能量主要来自摄食，成熟个体肌肉组织和性腺组织间能量转化不明显，产卵前后个体状况良好（Laptikhovsky，1999）。终端产卵者的生殖投入大部分来自个体肌肉、消化腺等组织存储能量的转化（Sánchez and Demestre，2010）。间歇性产卵者的生殖投入则与多次产卵者类似，能量投入主要来自摄食，但以牺牲个体生长为代价。本章研究发现，阿根廷滑柔鱼胴体和足腕等肌肉组织能量在性腺发育成熟前不断积累，性腺发育成熟后组织能量略有下降但不显著（$P > 0.5$）。结果与 Hatfield 和 Rodhouse（1992）基于形态学和胴体组织厚度分析的结果相一致，在相对于个体胴长大小的比较下，性腺成熟个体的胴体重量相对于性腺未成熟个体的略有下降。这可能与该属种性腺成熟后摄食强度下降、肌肉生长停止、但需进行产卵洄游的生活习性等有关。Laptikhovsky 和 Nigmatullin（1993）研究发现阿根廷滑柔鱼雌性个体在性腺成熟后摄食强度逐渐下降，在产卵期间则停止摄食，随后机体组织逐步衰败。Arkhipkin（1993）研究也发现阿根廷滑柔鱼在性腺成熟后的产卵洄游期间肌肉组织生长处于停止状态。

研究发现，阿根廷滑柔鱼在性腺发育未成熟后期到成熟中期（Ⅲ～Ⅴ期），胴体和足腕等肌肉组织能量部分地转化用于辅助性腺组织的发育生长，以满足性腺发育对能量的大量需求。因为该时期卵巢发育变化很大，性腺指数迅速增长。Clarke 等(1994)研究也发现，性腺发育未成熟后期到成熟期阿根廷滑柔鱼卵巢组织的蛋白质、脂肪等营养成分大量积累，尤其在成熟后期。然而，肌肉组织能量的转化并没有影响其组织的完整性，性腺完全成熟时肌肉组织仍保持完整，进一步验证该属种雌性个体生殖投入主要来自摄食。阿根廷滑柔鱼这种生殖投入模式类似于间歇性终端产卵的枪乌贼(*Loligo vulgaris*)(Rocha and Guerra，1996)，该属种生殖投入以饵料摄食为主，但以牺牲个体生长为代价，并进行肌肉组织能量的部分转化用于卵巢生长发育。

头足类作为海生软体动物，海洋环境变化的适应敏感性高，已经表现出了适应多变海洋环境的生物学特征及其生活史规律，并进化了对不同海洋环境的高度可塑性和适应性的繁殖策略(Boavida-Portugal et al.，2010)。本章研究发现，阿根廷滑柔鱼的肌肉组织和性腺组织等组织能量积累及其变化均与初级生产力(叶绿素浓度)密切相关，尤其在叶绿素浓度≈0.61mg/m³ 和 0.85mg/m³ 时，胴体、足腕、卵巢和缠卵腺等组织能量最大。一方面，说明该采样时间段是阿根廷滑柔鱼性腺索饵育肥期，另一方面也进一步说明阿根廷滑柔鱼的生殖能量投入主要来源于饵料摄食。

研究也认为，阿根廷滑柔鱼肌肉、足腕、卵巢和缠卵腺等组织能量积累变化与海平面高度的关系密切，并且这些组织能量积累高值(除胴体组织外)均发生在海平面高度≈−42m 的海域。这可能与阿根廷滑柔鱼属种偏向于该水层摄食，且与该水层饵料生物丰富有关。海平面高度是海洋环流与海表风速的综合反应(Stewart，2008)，一定的海水深度将成为营养物质集聚的通道(Fanelli et al.，2012)，形成饵料富集区，为生长发育提供良好的饵料资源。然而，研究发现阿根廷滑柔鱼的胴体和输卵管复合体等组织能量积累与海表面温度呈显著的负相关关系($P<0.05$)，而海表面温度对卵巢、缠卵腺等性腺组织能量的积累变化关系不显著($P>0.05$)。这可能是该时期的海水温度更多地影响个体的肌肉生长，以及生长发育后期的配子形成，而对生殖投入的影响与摄食相关的叶绿素浓度等较为次要。Clarke 等(1994)研究发现，阿根廷滑柔鱼在索饵场的最后 50d，近 85%摄食获得的能量用于消化腺的能量存储和肌肉组织的生长，为即将开始的产卵洄游积累能量。

此外，阿根廷滑柔鱼卵巢、缠卵腺和输卵管复合体等性腺组织能量积累变化均与采集海域呈显著的负相关关系($P<0.05$)，并且三者能量积累高值均发生在西南大西洋 42°S 以北及附近海域，而月份的影响不显著($P>0.05$)，一定程度上说明该海域将是阿根廷滑柔鱼洄游产卵的路径之一或即将产卵交配的场所之一，西南大西洋 42°S 以北及附近大陆坡海域是北向福克兰海流即将与南下巴西海流交汇的前区(Anderson and Rodhouse，2001)。Arkhipkin(1993)曾报道 4~6 月阿根廷滑柔鱼沿着 46°~42°S 的大陆坡海域北上产卵洄游，并且在经过 42°S 海域时生长年龄最大、性腺发育成熟度最高。

综上所述，阿根廷滑柔鱼肌肉组织的能量密度不随个体生长发育而改变，但卵巢、输卵管复合体等性腺组织因卵黄物质合成及其积累和卵子排入输卵管等原因，组织能量密度显著增大。同时，随着个体生长发育，肌肉组织的能量占比逐渐下降，性腺组织的能量占比逐渐增加。生殖投入方式类似间歇性产卵者，在性腺发育未成熟后期至成熟中期肌肉组织的部分存储能量转化用于性腺组织发育生长，但是摄食投入是主要方式。此外，组织能量积累变化与叶绿素浓度、海平面高度关系密切，但输卵管复合体组织能量积累与海平面高度关系不显著。由于本研究样本来源仅为 4~6 月，产卵个体样本缺乏，下一步需延长样本采集时间，以丰富生殖投入及分配的周期研究。

第 6 章 结论与展望

6.1 主 要 结 论

本书选取我国大洋性鱿钓渔业主要捕捞种群——阿根廷滑柔鱼作为研究对象，利用解剖学和形态学方法，修正适宜于阿根廷滑柔鱼属种生殖系统发育等级的目测划分标准，获得卵巢卵母细胞的形态生长模式。利用卵巢组织冰冻切片技术，结合发育生物学方法，首次详细地描述了阿根廷滑柔鱼卵巢发育和卵母细胞发生的过程，确定新生卵巢卵母细胞停止增长的时期和卵巢一次性发育的特点，发现了性腺发育成熟前后卵巢卵母细胞不同的发育成熟规律。利用组织能量密度测定技术，发现了不同性腺发育水平肌肉组织能量密度不变、性腺组织能量密度差异性显著的特征，阿根廷滑柔鱼雌性个体生殖投入主要来源于摄食，但一定时期肌肉组织进行能量转化以供性腺组织发育的特点。主要结论如下。

6.1.1 阿根廷滑柔鱼的繁殖周期

在 12 月至翌年 6 月，阿根廷滑柔鱼存在两个繁殖产卵期，分别为 12 月至翌年 2 月和 5～6 月。其中 12 月至翌年 2 月的繁殖个体较小，5～6 月的繁殖个体较大。2 月份是该属种的繁殖产卵盛期，42°S 以北及附近海域是该属种的洄游产卵路径之一。

6.1.2 卵巢卵母细胞的排卵类型

阿根廷滑柔鱼繁殖产卵期输卵管的最大载卵量约为潜在繁殖力的 30％左右。形态学上，生理性发育期至成熟期，卵巢卵母细胞大小分布呈双峰型分布；繁殖产卵期，卵巢卵母细胞大小以小型卵母细胞为主，卵母细胞批次同步发育生长，批次成熟排卵。

6.1.3　卵巢卵母细胞的发育时序描述

首次从组织学角度详细描述阿根廷滑柔鱼卵巢卵母细胞的发育时序特征，并以细胞质和细胞核形态变化、滤泡细胞（层）与细胞体的关系及其形态结构变化，以及卵黄物质的合成积累等组织学特征为主要标准，进行了卵母细胞 5 个时相的划分，以及卵原细胞、卵子、退化卵母细胞和空滤泡等细胞体的鉴别及其组织形态结构详细描述。

6.1.4　卵巢发育时期的划分标准确定

在时相卵母细胞划分的基础上，首次从组织学角度详细描述阿根廷滑柔鱼的卵巢发育组织形态。在卵巢时期划分上，创新性地加入空滤泡作为一个重要的划分准则，同时创新性地增加切面时相卵母细胞个数占比作为另一个重要划分准则，形成了更为适宜阿根廷滑柔鱼属种的卵巢时期划分标准，更有效地反映了这些属种的生理性成熟期和功能性成熟期的重要过程。

6.1.5　时相卵母细胞成熟模式及产卵式样

首次从组织学角度确定了阿根廷滑柔鱼新生卵巢时相卵母细胞停止增长的时期为卵巢的组织学第Ⅴ时期，也证明了卵巢的一次性发育。时相卵母细胞在性腺发育成熟前为同步生长发育，性腺成熟后批次发育成熟，间歇性产卵。

同时，利用 GAM，进行卵巢发育与海表面温度、叶绿素浓度、海平面高度等海洋环境生态因子，以及采样海域、月份等的关系分析，发现海表面温度、叶绿素浓度和月份等是影响卵巢发育水平的重要因子。

6.1.6　组织能量测定及能量积累

首次利用能量密度测定技术，进行阿根廷滑柔鱼胴体、足腕、卵巢、缠卵腺和输卵管复合体等组织能量密度的测定。随着性腺发育，胴体和足腕等肌肉组织能量密度基本一致，组织能量逐步增加，但能量占比逐渐下降；卵巢、输卵管复合体等性腺组织能量密度不同性腺发育水平下，差异性显著，卵巢组织能量在成熟度Ⅴ期达到最大值，输卵管复合体自性腺成熟度Ⅳ期增长迅速。

6.1.7 组织能量的生殖投入分配

基于组织能量密度测定及能量积累变化分析，从组织能量角度，发现性腺成熟度Ⅲ～Ⅴ期肌肉组织能量部分转化用于性腺组织的生长发育，但能量转化不影响肌肉组织的完整性。同时，利用组织能量积累与海表面温度、叶绿素浓度、海平面高度等海洋环境因子、采样海域等关系的 GAM 分析，证明了阿根廷滑柔鱼的生殖投入主要来源于饵料摄食。

这些结果确证阿根廷滑柔鱼的产卵策略为间歇性终端产卵，卵巢一次性发育，新生卵母细胞停止生长于组织学第Ⅴ时期卵巢，卵巢卵母细胞同步发育、批次成熟排卵。卵巢发育与海表面温度、叶绿素浓度等海洋环境生态因子存在显著的相关关系，而生殖投入主要来源于饵料摄食。

6.2 主要创新点

首次利用组织学分析方法进行阿根廷滑柔鱼卵巢卵母细胞发育的时序分析，并对卵巢发育时期进行划分标准的定义，有效地反映了这些属种的生理性成熟期和功能性成熟期的重要过程。同时，从组织学分析角度，首次确定了阿根廷滑柔鱼新生卵母细胞停止生长时期为卵巢的组织学第Ⅴ时期。

首次利用组织能量密度分析方法，进行了阿根廷滑柔鱼肌肉组织、性腺组织的能量积累分析和比较，确证了该属种的生殖投入主要来源于饵料摄食。同时，从组织能量角度，发现性腺成熟度Ⅲ～Ⅴ期肌肉组织能量部分转化用于性腺组织的生长发育，但能量转化不影响肌肉组织的完整性。

首次基于卵巢组织学分析，进行卵巢发育与海洋环境生态因子的关系分析，发现海表面温度、叶绿素浓度等海洋环境生态因子是影响阿根廷滑柔鱼卵巢发育水平的重要环境影响因子。同时，生殖投入主要受叶绿素浓度、海平面高度等海洋环境生态因子的影响，生殖投入主要来源与饵料摄食。

6.3 研究展望

6.3.1 组织能量积累方程的研究

研究发现，随着个体生长和性腺发育，阿根廷滑柔鱼肌肉组织能量积累与性腺组织能量积累是两个模式，一定时期里肌肉组织能量有所转化用于性腺组织发育。在激烈的自然选择下，有效的生殖投入是物种生息繁衍，并维持个体生存和肌肉生长的核心(Pianka, 1976; Jokela, 1997)。建立合适的能量积累方程，将有助于繁殖策略选择的研究，对目前正在人工繁养的经济性头足类属种的投饵饲养等也有积极的意义。

6.3.2 产卵策略选择的适应性研究

类似于其他头足类属种，阿根廷滑柔鱼个体的环境敏感性很高，如海洋环境影响其产卵洄游时间(Arkhipkin, 1993)，温度低于 11.5℃时受精卵无法成功孵化(Sakai et al., 1998)，等等。因此，海洋环境因子对该种群产卵策略的选择极其重要。该种群性腺发育过程中如何响应环境因子，如何选择合适的排卵类型、产卵式样等？目前，尚没有可参考的数据或者文献。因此，阿根廷滑柔鱼产卵策略的选择适应性研究将是该属种繁殖生物学的研究重点之一。

6.3.3 多种群产卵策略选择差异研究

目前，国内外研究表明阿根廷滑柔鱼存在多个种群，并且某些种群为沿海常驻型种群。尽管种群间遗存变异性水平低，不存在遗传隔离现象，但是该属种的环境适应敏感。在多变的海洋环境下，种群之间产卵策略的选择是否存在差异，种群之间是否进化了更为适宜当地海域的产卵策略？因为部分学者发现，同生活于一个海域的强壮桑椹乌贼和南极黵乌贼两个属种则均进化了相似的产卵策略。因此，进行阿根廷滑柔鱼多种群间产卵策略选择的差异性研究，将对该属种的进化生物学研究奠定基础，也为该种群资源量年间波动的机理性研究提供科学基础。

参 考 文 献

陈新军，刘金立. 2004. 巴塔哥尼亚大陆架海域阿根廷滑柔鱼渔场分布及与表温的关系分析. 海洋水产研究，25(6)：19-24.

陈新军，刘必林，王尧耕. 2009. 世界头足类. 北京：海洋出版社.

陈新军，陆化杰，刘必林，等. 2012a. 大洋性柔鱼类资源开发现状及可持续利用的科学问题. 上海海洋大学学报，5：831-840.

陈新军，陆化杰，刘必林，等. 2012b. 利用栖息地指数预测西南大西洋阿根廷滑柔鱼渔场. 上海海洋大学学报，21(3)：431-438.

高峰，陈新军，范江涛，等. 2011. 西南大西洋阿根廷滑柔鱼中心渔场预报的实现及验证. 上海海洋大学学报，20(5)：754-758.

蒋霞敏，符方尧，李正，等. 2007. 曼氏无针乌贼的卵子发生及卵巢发育. 水产学报，31(5)：607-617.

蒋霞敏，符方尧，李正，等. 2008. 人工养殖曼氏无针乌贼生殖系统的解剖学与组织学研究. 中国水产科学，15(1)：63-72.

焦海峰，施慧雄，尤仲杰. 2010. 嘉庚蛸雄性生殖系统组织学观察. 上海海洋大学学报，19(3)：333-338.

焦海峰，彭小明，尤仲杰，等. 2011. 嘉庚蛸雌性生殖系统组织学观察. 动物学杂志，46(6)：88-95.

林东明，陈新军. 2013. 头足类生殖系统组织结构研究进展. 上海海洋大学学报，22(3)：410-418.

林东明，陈新军，方舟. 2014. 西南大西洋阿根廷滑柔鱼夏季产卵种群繁殖生物学的初步研究. 水产学报，38(6)：843-852.

刘必林，陈新军，田思泉，等. 2008. 西南大西洋公海阿根廷滑柔鱼性成熟的初步研究. 上海水产大学学报，17(6)：721-725.

刘敏，熊邦喜，吕光俊. 2010. 细鳞鲷卵巢发育的组织学观察. 水产科学，29(3)：125-130.

陆化杰，陈新军. 2012. 利用耳石微结构研究西南大西洋阿根廷滑柔鱼的日龄、生长与种群结构. 水产学报，36(7)：1049-1056.

陆化杰，陈新军，方舟. 2012. 西南大西洋阿根廷滑柔鱼耳石微结构及生长特性. 渔业科学进展，33(3)：15-25.

陆化杰，陈新军，方舟. 2013. 西南大西洋阿根廷滑柔鱼渔场时空变化及其与表温的关系. 海洋渔业，35(4)：382-388.

欧瑞木. 1983. 中国枪乌贼性腺成熟度分期的初步研究. 海洋科学，1：44-46.

王尧耕，陈新军. 2005. 世界大洋性经济柔鱼类资源及其渔业. 北京：海洋出版社.

伍玉梅，杨胜龙，沈建华，等. 2009. 西南大西洋阿根廷滑柔鱼作业渔场特征. 应用生态学报，20(6)：1445-1451.

伍玉梅，郑丽丽，崔雪森，等. 2011. 西南大西洋阿根廷滑柔鱼的资源丰度及其与主要生态因子的关系. 生态学杂志，30(6)：1137-1141.

许著廷，李来国，王春琳，等. 2011. 嘉庚蛸生殖系统结构观察. 水产学报，35(7)：1058-1064.

叶素兰，吴常文，余治平. 2008. 曼氏无针乌贼（*Sepiella maindroni*）精子形成的超微结构. 海洋与湖沼，

39(3)：269-275.

余建英，何旭宏. 2003. 数据统计分析与 SPSS 应用. 北京：人民邮电出版社.

郑丽丽，伍玉梅，樊伟，等. 2011. 西南大西洋阿根廷滑柔鱼渔场叶绿素 a 分布及其与渔场的关系. 海洋湖沼通报，(1)：63-70.

郑小东，韩松，林祥志，等. 2009. 头足类繁殖行为学研究现状与展望. 中国水产科学，16(3)：459-465.

朱源，康慕谊. 2005. 排序和广义线性模型与广义可加模型在植物种与环境关系研究中的应用. 生态学杂志，24(7)：807-811.

Anderson C I, Rodhouse P G. 2001. Life cycles, oceanography and variability: ommastrephid squid in variable oceanographic environments. Fisheries Research, 54(1)：133-143.

Argüelles J, Tafur R. 2010. New insights on the biology of the jumbo squid *Dosidicus gigas* in the Northern Humboldt Current System: Size at maturity, somatic and reproductive investment. Fisheries Research, 106(2)：185-192.

Arizmendi-Rodríguez D I, Rodríguez-Jaramillo C, Quiñonez-Velázquez C, et al. 2012. Reproductive indicators and gonad development of the Panama brief squid *Lolliguncula panamensis* (Berry 1911) in the Gulf of California, Mexico. Journal of Shellfish Research, 31(3)：817-826.

Arkhipkin A I. 1992. Reproductive system structure, development and function in cephalopods with a new general scale for maturity stages. Journal of Northwest Atlantic Fishery Science, 12：63-74.

Arkhipkin A I. 1993. Age, growth, stock structure and migratory rate of pre-spawning short-finned squid *Illex argentinus* based on statolith ageing investigations. Fisheries Research, 16(4)：313-338.

Arkhipkin A I. 2000. Intrapopulation structure of winter-spawned Argentine shortfin squid, *Illex argentinus* (Cephalopoda, Ommastrephidae), during its feeding period over the Patagonian Shelf. Fishery Bulletin, 98(1)：1-13.

Arkhipkin A I. 2012. Squid as nutrient vectors linking southwest Atlantic marine ecosystems. Deep-Sea Research Part II: Topical Studies in Oceanography, 95：7-20.

Arkhipkin A I, Laptikhovsky V. 1994. Seasonal and interannual variability in growth and maturation of winter-spawning *Illex argentinus* (Cephalopoda, Ommastrephidae) in the Southwest Atlantic. Aquatic Living Resources, 7(4)：221-232.

Arkhipkin A I, Mikheev A. 1992. Age and growth of the squid *Sthenoteuthis pteropus* (Oegopsida: Ommastrephidae) from the Central-East Atlantic. Journal of Experimental Marine Biology and Ecology, 163(2)：261-276.

Arkhipkin A I, Middleton D A J. 2002. Inverse patterns in abundance of *Illex argentinus* and *Loligo gahi* in Falkland waters: possible interspecific competition between squid? Fisheries Research, 59 (1-2)：181-196.

Arkhipkin A I, Scherbich Z. 1991. Crecimiento y estructura intraespecífica del calamari, *Illex argentinus* (Castellanos, 1960)(Ommastrephidae) en invierno y primavera en el Atlántico sudoccidental. Scientia Marina, 55(4)：619-627.

Arnold J. 2010. Reproduction and Embryology of Nautilus. In: Saunders W B, Landman N. Nautilus. Springer Netherlands. : 353-372. DOI: 10. 1007/978-90-481-3299-7 _ 26.

Bainy M C R S, Haimovici M. 2012. Seasonality in growth and hatching of the argentine short-finned squid

Illex argentinus (Cephalopoda: Ommastrephidae) inferred from aging on statoliths in southern Brazil. Journal of Shellfish Research, 31(1): 135-143.

Barakat A, Roumieh R, Abdel Meguid N E, et al. 2011. Feed regimen affects growth, condition index, proximate analysis and myocyte ultrastructure of juvenile spinefoot rabbitfish *Siganus rivulatus*. Aquaculture Nutrition, 17(3): 773-780.

Basson M, Beddington J R, Crombie J A, et al. 1996. Assessment and management techniques for migratory annual squid stocks: the *Illex argentinus* fishery in the Southwest Atlantic as an example. Fisheries Research, 28(1): 3-27.

Bazzino G, Quiñones R A, Norbis W. 2005. Environmental associations of shortfin squid *Illex argentinus* (Cephalopoda: Ommastrephidae) in the northern Patagonian Shelf. Fisheries research, 76(3): 401-416.

Bellido J M, Pierce G J, Wang J. 2001. Modelling intra-annual variation in abundance of squid *Loligo forbesi* in Scottish waters using generalised additive models. Fisheries Research, 52(1-2): 23-39.

Bloor I S M, Attrill M J, Jackson E L. 2013. Chapter one-a review of the factors influencing spawning, early life stage survival and recruitment variability in the common cuttlefish (*Sepia officinalis*). In: Michael L, Advances in marine biology, Academic Press.

Boavida-Portugal J, Moreno A, Gordo L, et al. 2010. Environmentally adjusted reproductive strategies in females of the commercially exploited common squid *Loligo vulgaris*. Fisheries Research, 106 (2): 193-198.

Boletzky S. 1986. Reproductive strategies in Cephalopods: variation and flexibility of life-history patterns. In: International Society of Invertebrate Reproduction. International symposium, 4: 379-389.

Bolognari A, Carmignani M P A, Zaccone G. 1976. A cytochemical analysis of the follicular cells and the yolk in the growing oocytes of *Octopus vulgaris* (Cephalopoda, Mollusca). Acta Histochemica, 55 (2): 167-175.

Bottke W. 1974. The fine structure of the ovarian follicle of *Alloteuthis subulata* Lam. (Mollusca, Cephalopoda). Cell and Tissue Research, 150(4): 463-479.

Boyle P R, Rodhouse P. 2005. Cephalopods: ecology and fisheries. Oxford, UK: Wiley-Blackwell.

Boyle P R. 1987. Cephalopod Life Cycles Vol. II: Comparative reviews. London: Academic Press.

Brunetti N E, Ivanovic M L, Louge E, et al. 1991, Estudio de la biología reproductiva y de la fecundidad en dos subpoblaciones del calamar (*Illex argentinus*). [Reproductive biology and fecundity of two stocks of the squid (*Illex argentinus*)]. Frente Marítimo, 8: 73-84.

Brunetti N E. 1988. Contribución al conocimiento biológico-pesquero del calamar argentino(Cephalopoda: ommastrephidae: *Illex argentinus*). Facultad de Ciencias Naturales y Museo, 1-135.

Brunetti N E, Elena B, Rossi G R, et al. 1998. Summer distribution, abundance and population structure of *Illex argentinus* on the Argentine shelf in relation to environmental features. South African Journal of Marine Science, 20(1): 175-186.

Brunetti N E, Ivanovic M, Rossi G, et al. 1998. Fishery biology and life history of *Illex argentines*. In: Okutani T. Contributed papers to international symposium on large pelagic squids, July 18-19, 1996, for JAMARC's 25th anniversary of its foundation. Tokyo, Japan Marine Fishery Resources Research Center (JAMARC), 217-231.

Brunetti N E, Ivanovic M L. 1992. Distribution and abundance of early life stages of squid (*Illex argentinus*) in the south-west Atlantic. ICES Journal of Marine Science: Journal du Conseil, 49 (2): 175-183.

Calow P. 1979. The cost of reproduction-a physiological approach. Biological Reviews, 54(1): 23-40.

Carvalho G R, Thompson A, Stoner A L. 1992. Genetic diversity and population differentiation of the shortfin squid *Illex argentinus* in the south-west Atlantic. Journal of Experimental Marine Biology and Ecology, 158(1): 105-121.

Clarke A, Rodhouse P G, Gore D J. 1994. Biochemical composition in relation to the energetics of growth and sexual maturation in the Ommastrephid squid *Illex argentinus*. Philosophical Transactions of the Royal Society of London. Series B: Biological Sciences, 344(1308): 201-212.

Collins M, Burnell G, Rodhouse P. 1995. Reproductive strategies of male and female *Loligo forbesi* (Cephalopoda: Loliginidae). Journal of the Marine Biological Association of the United Kingdom, 75 (3): 621-634.

Crespi-Abril A C, Dellatorre F, Barón P J. 2010. On the presence of *Illex argentinus* (Castellanos, 1960) (Cephalopoda: Ommastrephidae), paralarvae and juveniles in near-shore waters of Nuevo Gulf, Argentina. Lat Am J Aquat Res, 38(2): 297-301.

Crespi-Abril A C, Barón P J. 2012. Revision of the population structuring of *Illex argentinus* (Castellanos, 1960) and a new interpretation based on modelling the spatio-temporal environmental suitability for spawning and nursery. Fisheries Oceanography, 21(2-3): 199-214.

Crespi-Abril A C, Morsan E M, Barón P J. 2008. Contribution to understanding the population structure and maturation of *Illex argentinus* (Castellanos, 1960): the case of the inner-shelf spawning groups in San Matías Gulf (Patagonia, Argentina). Journal of Shellfish Research, 27(5): 1225-1231.

Crespi-Abril A C, Morsan E M, Williams G N, et al. 2013. Spatial distribution of *Illex argentinus* in San Matias Gulf (Northern Patagonia, Argentina) in relation to environmental variables: A contribution to the new interpretation of the population structuring. Journal of Sea Research, 77: 22-31.

Crespi-Abril A C, Trivellini M M. 2011. Diet of spring and summer spawning groups of *Illex argentinus* inhabiting coastal waters in San Matias Gulf (northern Patagonia, Argentina). Aquatic Biology, 14 (1): 99-103.

Czudaj S, Pereira J, Moreno A, et al. 2013. Distribution and reproductive biology of the lentil bobtail squid, *Rondeletiola minor* (Cephalopoda: Sepiolidae) from the Portuguese Atlantic Coast. Marine Biology Research, 9(8): 802-808.

Di Cosmo A, Di Cristo C, Paolucci M. 2001. Sex steroid hormone fluctuations and morphological changes of the reproductive system of the female of *Octopus vulgaris* throughout the annual cycle. Journal of Experimental Zoology, 289(1): 33-47.

Doi T, Kawakami T. 1979. Biomass of Japanese common squid *Todarodes pacificus* Steenstrup and the management of its fishery. Bulletin of the Tokai Regional Fisheries Research Laboratory, 99: 65-83.

Dursun D, Eronat E G T, Akalin M, et al. 2013. Reproductive biology of pink cuttlefish *Sepia orbignyana* in the Aegean Sea (eastern Mediterranean). Turkish Journal of Zoology, 37(5): 576-581.

Elgar M A. 1990. Evolutionary compromise between a few large and many small eggs: comparative evidence in teleost fish. Oikos, 59(2): 283-287.

Fanelli E, Cartes J E, Papiol V. 2012. Assemblage structure and trophic ecology of deep-sea demersal cephalopods in the Balearic basin (NW Mediterranean). Marine and Freshwater Research, 63(3): 264-274.

FAO. 2005. Review of the state of world marine fishery resources, FAO fisheries technical paper 457. Rome: FAO.

FAO. 2011. Review of the state of world marine fishery resources, FAO fisheries technical paper 569. Rome: FAO.

FAO. 2013. FAO yearbook: Fishery and Aquaculture Statistics, 2011. Rome: FAO.

Forsythe J W. 2004. Accounting for the effect of temperature on squid growth in nature: from hypothesis to practice. Marine and Freshwater Research, 55(4): 331-339.

Gabr H R, Hanlon R T, Hanafy M H, et al. 1998. Maturation, fecundity and seasonality of reproduction of two commercially valuable cuttlefish, *Sepia pharaonis* and S. *dollfusi*, in the Suez Canal. Fisheries Research, 36(2-3): 99-115.

Goncalves I, Sendão J, Borges T. 2002. *Octopus vulgaris* (Cephalopoda: Octopodidae) gametogenesis: a histological approach to the verification of the macroscopic maturity scales. In: Summesberger H, Histon K, Daurer A. Cephalopods- Present and Past. Wien: Abhandlungern der geologischen bundesanstalt, 79-88.

Gonzalez A F, Guerra A. 1996. Reproductive biology of the short-finned squid *Illex coindetii* (Cephalopoda, Ommastrephidae) of the Northeastern Atlantic. Sarsia, 81(2): 107-118.

Green A J. 2001. Mass/Length residuals: measures of body condition or generators of spurious results? Ecology, 82(5): 1473-1483.

Haimovici M, Brunetti N E, Rodhouse P G, et al. 1998. *Illex argentinus*. In: Rodhouse P G, Earl G D, O'Dor R K. Squid recruitment dynamics: the genus Illex as a model, the commercial Illex species and influences on variability. Rome: FAO, 27-58.

Haimovici M, Perez J A A. 1991. Coastal cephalopod fauna of southern Brazil. Bulletin of Marine Science, 49(1-2): 221-230.

Haimovici M, Vidal E, Perez J. 1995. Larvae of *Illex argentinus* from five surveys on the continental shelf of southern Brazil. ICES Marine Science Symposia. 199: 414-424.

Hall K, Hanlon R. 2002. Principal features of the mating system of a large spawning aggregation of the giant Australian cuttlefish *Sepia apama* (Mollusca: Cephalopoda). Marine Biology, 140(3): 533-545.

Harman R F, Young R E, Reid S B, et al. 1989. Evidence for multiple spawning in the tropical oceanic squid *Stenoteuthis oualaniensis* (Teuthoidea: Ommastrephidae). Marine Biology, 101(4): 513-519.

Hastie L C, Joy J B, Pierce G J, et al. 1994. Reproductive biology of *Todaropsis eblanae* (Cephalopoda: Ommastrephidae) in Scottish waters. Journal of the Marine Biological Association of the United Kingdom, 74(2): 367-382.

Hatanaka H. 1986. Growth and life span of short-finned spuid *Illex argentinus* in the waters off Argentina. Nippon Suisan Gakkaishi, 52(1): 11-17.

Hatanaka H. 1988. Feeding migration of short-finned squid *Illex argentinus* in the waters off Argentina.

Bulletin of the Japanese Society of Scientific Fisheries, 54(8): 1343-1349.

Hatanaka H, Kawahara S, Uozumi Y, et al. 1985. Comparison of life cycles of five ommastrephid squids fished by Japan: *Todarodes pacificus*, *Illex illecebrosus*, *Illex argentines*, *Nototodarus sloani sloani*, and *Nototodarus sloani gouldi*. NAFO Science Council Studies, 9: 59-68.

Hatfield E, Rodhouse P, Barber D. 1992. Production of soma and gonad in maturing female *Illex argentinus* (Mollusca: Cephalopoda). Journal of the Marine Biological Association of the United Kingdom, 72: 281-291.

Haven N. 1977. The reproductive biology of *Nautilus pompilius* in the Philippines. Marine Biology, 42 (2): 177-184.

Hirose K. 1972. The ultrastructure of the ovarian follicle of medaka, Oryzias latipes. Zeitschrift für Zellforschung und Mikroskopische Anatomie, 123(3): 316-329.

Hoving H J T, Lipiński M R, Videler J. 2008. Reproductive system and the spermatophoric reaction of the mesopelagic squid *Octopoteuthis sicula* (Rüppell 1844)(Cephalopoda: Octopoteuthidae) from southern African waters. African Journal of Marine Science, 30(3): 603-612.

Hoving H J T, Lipiński M R, Roeleveld M A C, et al. 2007. Growth and mating of southern African *Lycoteuthis lorigera* (Steenstrup, 1875) (Cephalopoda: Lycoteuthidae). Reviews in Fish Biology and Fisheries, 17(2-3): 259-270.

Hoving H J T, Roeleveld M A C, Lipinski M R, et al. 2004. Reproductive system of the giant squid *Architeuthis* in South African waters. Journal of Zoology, 264(2): 153-169.

ICES. 2010. Report of the workshop on sexual maturity staging of cephalopods, 8-11 November 2010. Italy: Livorno.

Jackson G D, Semmens J M, Phillips K L, et al. 2004. Reproduction in the deepwater squid *Moroteuthis ingens*, what does it cost? Marine Biology, 145(5): 905-916.

Jereb P, Roper C. 2005. Cephalopods of the world, an annotated and illustrated catalogue of cephalopod species known to date. Vol 1: Chambered nautiluses and sepioids (Nautilidae, Sepiidae, Sepiolidae, Sepiadariidae, Idiosepiidae and Spirulidae). Rome: FAO.

Jokela J. 1997. Optimal energy allocation tactics and indeterminate growth: life-history evolution of long-lived bivalves. Evolutionary Ecology of Freshwater Animals, 82: 179-196.

Kear A J, Briggs D E, Donovan D T. 1995. Decay and fossilization of non-mineralized tissue in coleoid cephalopods. Palaeontology, 38(1): 105-132.

Keller S, Valls M, Hidalgo M, et al. 2014. Influence of environmental parameters on the life-history and population dynamics of cuttlefish *Sepia officinalis* in the western Mediterranean. Estuarine, Coastal and Shelf Science, 145: 31-40.

King M. 2007. Fisheries biology, assessment and management. Oxford, UK: Wiley-Blackwell.

Laptikhovsky V. 2013. Reproductive strategy of deep-sea and Antarctic octopods of the genera Graneledone, Adelieledone and Muusoctopus (Mollusca: Cephalopoda). Aquatic Biology, 18(1): 21-29.

Laptikhovsky V, Nigmatullin C M. 1992. Caracteristicas reproductivas de machos y hembras del calamar (*Illex argentinus*). Frente Marítimo, 12(A): 23-37.

Laptikhovsky V, Salman A, Önsoy B, et al. 2003. Fecundity of the common cuttlefish, *Sepia officinalis* L. (Cephalopoda, Sepiida): a new look at the old problem. Scientia Marina, 67(3): 279-284.

Laptikhovsky V V. 1999. Fecundity and spawning in squid of families Enoploteuthidae and Ancistrocheiridae (Cephalopoda: Oegopsida). Scientia Marina, 63(1): 1-7.

Laptikhovsky V V, Arkhipkin A I, Hoving H J T. 2007. Reproductive biology in two species of deep-sea squids. Marine Biology, 152(4): 981-990.

Laptikhovsky V V, Arkhipkin A I, Middleton D A J, et al. 2002. Ovary maturation and fecundity of the squid *Loligo gahi* on the southeast shelf of the Falkland Islands. Bulletin of Marine Science, 71 (1): 449-464.

Laptikhovsky V V, Nigmatullin C M. 1993. Egg size, fecundity, and spawning in females of the genus *Illex* (Cephalopoda: Ommastrephidae). ICES Journal of Marine Science: Journal du Conseil, 50 (4): 393-403.

Laptikhovsky V V, Nigmatullin C M. 1999. Egg size and fecundity in females of the subfamilies Todaropsinae and Todarodinae (Cephalopoda: Ommastrephidae). Journal of the Marine Biological Association of the United Kingdom, 79(3): 569-570.

Laptikhovsky V V, Nigmatullin C M. 2005. Aspects of female reproductive biology of the orange-back squid, *Sthenoteuthis pteropus* (Steenstup) (Oegopsina: Ommastrephidae) in the eastern tropical Atlantic. Scientia Marina, 69(3): 383-390.

Laptikhovsky V V, Nigmatullin C M, Hoving H J T, et al. 2008. Reproductive strategies in female polar and deep-sea bobtail squid genera Rossia and Neorossia (Cephalopoda: Sepiolidae). Polar Biology, 31(12): 1499-1507.

Lefkaditou E, Politou C-Y, Palialexis A, et al. 2008. Influences of environmental variability on the population structure and distribution patterns of the short-fin squid *Illex coindetii* (Cephalopoda: Ommastrephidae) in the Eastern Ionian Sea. Hydrobiologia, 612(1): 71-90.

Legendre P. 1998. Model II regression user's guide, R edition. R Vignette.

Leporati S, Pecl G, Semmens J. 2008. Reproductive status of Octopus pallidus, and its relationship to age and size. Marine Biology, 155(4): 375-385.

Lima F D, Leite T S, Haimovici M, et al. 2014. Population structure and reproductive dynamics of *Octopus insularis* (Cephalopoda: Octopodidae) in a coastal reef environment along northeastern Brazil. Fisheries Research, 152: 86-92.

Lipiński M R. 1998. Cephalopod life cycles: patterns and exceptions. South African Journal of Marine Science, 20(1): 439-447.

Lipiński M R, Underhill L G. 1995. Sexual maturation in squid: quantum or continuum? South African Journal of Marine Science, 15(1): 207-223.

Llodra E R. 2002. Fecundity and life-history strategies in marine invertebrates. Advances in Marine Biology, 43: 87-170.

Lourenço S, Moreno A, Narciso L, et al. 2012. Seasonal trends of the reproductive cycle of *Octopus vulgaris* in two environmentally distinct coastal areas. Fisheries Research, 127-128: 116-124.

Lubzens E, Young G, Bobe J, et al. 2010. Oogenesis in teleosts: how fish eggs are formed. General and Comparative Endocrinology, 165(3): 367-389.

Lum-Kong A. 1992. A histological study of the accessory reproductive organs of female *Loligo forbesi* (Cephalopoda: Loliginidae). Journal of Zoology, 226(3): 469-490.

Lusis O. 1963. The histology and histochemistry of development and resorption in the terminal oocytes of the desert locust, *Schistocerca gregaria*. Quarterly journal of microscopical science, 3(65): 57-68.

Mangold K. 1983. *Octopus vulgaris*. In: Boyle P R. Cephalopod life cycles, species accounts. London: Academic press.

Mann T. 1984. Spermatophores: development, structure, biochemical attributes and role in the transfer of spermatozoa, Vol. 15. Berlin: Springer Berlin Heidelberg.

McBride R S, Somarakis S, Fitzhugh G R, et al. 2013. Energy acquisition and allocation to egg production in relation to fish reproductive strategies. Fish and Fisheries, 15(4): 1-35.

McGrath B, Jackson G. 2002. Egg production in the arrow squid *Nototodarus gouldi* (Cephalopoda: Ommastrephidae), fast and furious or slow and steady? Marine Biology, 141(4): 699-706.

Melo Y C, Sauer W H H. 1998. Ovarian atresia in cephalopods. South African Journal of Marine Science, 20(1): 143-151.

Melo Y C, Sauer W H H. 1999. Confirmation of serial spawning in the chokka squid *Loligo vulgaris reynaudii* off the coast of South Africa. Marine Biology, 135(2): 307-313.

Moltschaniwskyj N A. 1995. Multiple spawning in the tropical squid Photololigo sp. : what is the cost in somatic growth? Marine Biology, 124(1): 127-135.

Moltschaniwskyj N A, Carter C G. 2013. The adaptive response of protein turnover to the energetic demands of reproduction in a cephalopod. Physiological and Biochemical Zoology, 86(1): 119-126.

Moltschaniwskyj N A, Semmens J M. 2000. Limited use of stored energy reserves for reproduction by the tropical loliginid squid *Photololigo* sp. Journal of Zoology, 251(3): 307-313.

Murua H, Saborido-Rey F. 2003. Female reproductive strategies of marine fish species of the north Atlantic. Journal of Northwest Atlantic Fishery Science, 31: 23-31.

Navarro J C, Monroig Ó, Sykes A V. 2014. Nutrition as a Key Factor for Cephalopod Aquaculture. In: Iglesias J, Fuentes L, Villanueva R. Cephalopod Culture. Springer Netherlands. 77-95.

Nesis K N. 1995. Mating, spawning and death in oceanic cephalopods: a review. Ruthenica, 6(1): 23-64.

Nesis K N. 1987. Cephalopods of the world: squids, cuttlefishes, octopuses, and allies. New Jersey: TFH Publications.

Nigmatullin C M. 1989. Las especies de calamar más abundantes del Atlántico Sudoeste y sinopsis sobre la ecología del calamar (*Illex argentinus*). Frente Marítimo, 5: 71-81.

Nigmatullin C M. 2002. Ovary development, potential and actual fecundity and oocyte resorption in coleoid cephalopods: a review. in International Symposium "Coleoid cephalopods through time, Vol. 1." Berliner Palaobiologische Abhandlungen, : 82-84.

Nigmatullin C M, Arkhipkin A, Sabirov R. 1995. Age, growth and reproductive biology of diamond-shaped squid *Thysanoteuthis rhombus* (Oegopsida: Thysanoteuthidae). Oceanographic Literature Review, 43(5): 73-87.

Nigmatullin C M, Laptikhovsky V. 1994. Reproductive strategies in the squids of the family Ommastrephidae (preliminary report). Ruthenica, 4(1): 79-82.

Nigmatullin C M, Markaida U. 2009. Oocyte development, fecundity and spawning strategy of large sized jumbo squid *Dosidicus gigas* (Oegopsida: Ommastrephinae). Journal of the Marine Biological Association of the United Kingdom, 89(4): 789-801.

O'Dor R K. 1998. Squid life-history strategies. FAO fisheries technical paper, : 233-254.

O'Dor R K, Wells M J. 1978. Reproduction versus somatic growth: hormonal control in *Octopus vulgaris*. The Journal of Experimental Biology, 77(1): 15-31.

Ortiz N. 2013. Validation of macroscopic maturity stages of the Patagonian red octopus *Enteroctopus megalocyathus*. Journal of the Marine Biological Association of the United Kingdom, 93(3): 833-842.

Otero J, González Á F, Sieiro M P, et al. 2007. Reproductive cycle and energy allocation of *Octopus vulgaris* in Galician waters, NE Atlantic. Fisheries Research, 85(1-2): 122-129.

Parfeniuk A, Froerman Y M, Golub A. 1992. Particularidades de la distribución de los juveniles del calamar (*Illex argentinus*) en el área de la depresión argentina. Frente Marít, 12: 105-111.

Paz A O, Covarrubias M Z, Reyes P P, et al. 2001. Histological study of oogenesis and ovaric maturation in *Octopus mimus* (Cephalopoda: Octopodidae) from the coast of the II region, Chile. Estud. Oceanol, 20: 13-22.

Pecl G T. 2001. Flexible reproductive strategies in tropical and temperate Sepioteuthis squids. Marine Biology, 138(1): 93-101.

Pecl G T, Moltschaniwskyj N A, Tracey S R, et al. 2004. Inter-annual plasticity of squid life history and population structure: ecological and management implications. Oecologia, 139(4): 515-524.

Perez J A A, Silva T N, Schroeder R, et al. 2009. Biological patterns of the Argentine shortfin squid *Illex argentinus* in the slope trawl fishery off Brazil. Latin American Journal of Aquatic Research, 37 (3): 409-428.

Pianka E R. 1976Natural Selection of Optimal Reproductive Tactics. American Zoologist, 16(4): 775-784.

Ponte G, Dröscher A, Fiorito G. 2013. Fostering cephalopod biology research: past and current trends and topics. Invertebrate Neuroscience, 13: 1-9.

Portela J, Arkhipkin A, Agnew D, et al. 2012. Overview of the Spanish fisheries in the Patagonian Shelf.

Postuma F A, Gasalla M A. 2014. Reproductive activity of the tropical arrow squid *Doryteuthis plei* around São Sebastião Island (SE Brazil) based on a 10-year fisheries monitoring. Fisheries Research, 152: 45-54.

Quetglas A, Ordines F, Valls M. 2011. What drives seasonal fluctuations of body condition in a semelparous income breeder octopus? Acta Oecologica, 37(5): 476-483.

Rocha F, Guerra A. 1996. Signs of an extended and intermittent terminal spawning in the squids *Loligo vulgaris* Lamarck and *Loligo forbesi* Steenstrup (Cephalopoda: Loliginidae). Journal of Experimental Marine Biology and Ecology, 207(1-2): 177-189.

Rocha F, Guerra Á, González Á F. 2001. A review of reproductive strategies in cephalopods. Biological Reviews, 76(3): 291-304.

Rodhouse P G, Hatfield E M C. 1990. Dynamics of Growth and Maturation in the Cephalopod *Illex argentinus* de Castellanos, 1960 (Teuthoidea: Ommastrephidae). Philosophical Transactions of the Royal Society of London. Series B: Biological Sciences, 329(1254): 229-241.

Rodhouse P G, Hatfield E M C. 1992. Production of soma and gonad in maturing male *Illex argentinus*

(Mollusca: Cephalopoda). Journal of the Marine Biological Association of the United Kingdom, 72 (2): 293-300.

Rodhouse P G K, Pierce G J, Nichols O C, et al. 2014. Chapter two-environmental effects on cephalopod population dynamics: implications for management of fisheries. In: Erica A G V. Advances in marine biology, Academic Press, 99-233.

Rodrigues M, Garcí M E, Troncoso J S, et al. 2011. Spawning strategy in Atlantic bobtail squid *Sepiola atlantica* (Cephalopoda: Sepiolidae). Helgoland Marine Research, 65(1): 43-49.

Rodrigues M, Guerra Á, Troncoso J S. 2012. Reproduction of the Atlantic bobtail squid *Sepiola atlantica* (Cephalopoda: Sepiolidae) in northwest Spain. Invertebrate Biology, 131(1): 30-39.

Rosa R, Costa P R, Nunes M L. 2004. Effect of sexual maturation on the tissue biochemical composition of *Octopus vulgaris* and *O. defilippi* (Mollusca: Cephalopoda). Marine Biology, 145(3): 563-574.

Rosa R, Costa P R, Pereira J, et al. 2004. Biochemical dynamics of spermatogenesis and oogenesis in Eledone cirrhosa and *Eledone moschata* (Cephalopoda: Octopoda). Comparative Biochemistry and Physiology Part B: Biochemistry and Molecular Biology, 139(2): 299-310.

Sacau M, Pierce G J, Wang J, et al. 2005. The spatio-temporal pattern of Argentine shortfin squid *Illex argentinus* abundance in the southwest Atlantic. Aquatic Living Resources, 18(4): 361-372.

Sakai M, Bruneiti N E, Elena B, et al. 1998. Embryonic development and hatchlings of *Illex argentinus* derived from artificial fertilization. South African Journal of Marine Science, 20(1): 255-265.

Salman A. 1998. Reproductive biology of *Neorossia caroli* (Cephalopoda: Sepiolidae) in the Aegean Sea. Scientia Marina, 75(1): 9-15.

Sánchez P, Demestre M. 2010. Relationships between somatic tissues, reproductive organs and fishing season in the commercially exploited European squid *Loligo vulgaris* from the western Mediterranean Sea. Fisheries Research, 106(2): 125-131.

Santos R A, Haimovici M. 1997. Reproductive biology of the winter-spring spawners of *Illex argentinus* (Cephalopoda: Ommastrephidae) off Southern Brazil. Scientia Marina, 61(1): 53-64.

Sasaki T, Shigeno S, Tanabe K. 2010. Anatomy of living Nautilus: reevaluation of primitiveness and comparison with Coleoidea. In: Tanabe K, Shigeta Y, Sasaki T, et al. Cephalopods-present and past. Tokyo: Tokai University Press.

Sauer W H, Lipiński M R. 1990. Histological validation of morphological stages of sexual maturity in chokker squid *Loligo vulgaris reynaudii* D'Orb (Cephalopoda: Loliginidae). South African Journal of Marine Science, 9(1): 189-200.

Schwarz R, Perez J A A. 2010. Growth model identification of short-finned squid *Illex argentinus* (Cephalopoda: Ommastrephidae) off southern Brazil using statoliths. Fisheries Research, 106(2): 177-184.

Schwarz R, Perez J Λ A. 2013. Age structure and life cycles of the Argentine shortfin squid *Illex argentinus* (Cephalopoda: Ommastrephidae) in southern Brazil. Journal of the Marine Biological Association of the United Kingdom, 93(2): 557-565.

Selman K, Arnold J M. 1977. An ultrastructural and cytochemical analysis of oogenesis in the squid, *Loligo pealei*. Journal of Morphology, 152(3): 381-400.

Serra-Pereira B, Figueiredo I, Gordo L. 2011. Maturation, fecundity, and spawning strategy of the thornback ray, *Raja clavata*: do reproductive characteristics vary regionally? Marine Biology, 158 (10): 2187-2197.

Sieiro P, Otero J, Guerra Á. 2014. Contrasting macroscopic maturity staging with histological characteristics of the gonads in female *Octopus vulgaris*. Hydrobiologia, 730(1): 113-125.

Silva L, Sobrino I, Ramos F. 2002. Reproductive biology of the common octopus, *Octopus vulgaris* Cuvier, 1797 (Cephalopoda: Octopodidae) in the Gulf of Cádiz (SW Spain). Bulletin of Marine Science, 71(2): 837-850.

Smith J M, Pierce G J, Zuur A F, et al. 2005. Seasonal patterns of investment in reproductive and somatic tissues in the squid *Loligo forbesi*. Aquatic Living Resources, 18(4): 341-351.

Smith J M, Pierce G J, Zuur A F, et al. 2011. Patterns of investment in reproductive and somatic tissues in the loliginid squid *Loligo forbesii* and *Loligo vulgaris* in Iberian and Azorean waters. Hydrobiologia, 670(1): 201-221.

Snýder R. 1998. Aspects of the biology of the giant form of *Sthenoteuthis oualaniensis* (Cephalopoda: ommastrephidae) from the Arabian Sea. Journal of Molluscan Studies, 64(1): 21-34.

Stevenson R D, Woods W A. 2006. Condition indices for conservation: new uses for evolving tools. Integrative and Comparative Biology, 46(6): 1169-1190.

Stewart R H. Introduction to physical oceanography. 2008.

Storero L, Narvarte M, González R. 2012. Reproductive traits of the small Patagonian octopus tehuelchus. Helgoland Marine Research, 66(4): 651-659.

Venkatesan V, Rajagopal S. 2013. Fecundity of Bigfin squid, *Sepioteuthis lessoniana* (Lesson, 1830) (Cephalopoda: Loliginidae). Jordan Journal of Biological Sciences, 6(1): 39-44.

Vidal E A G, Haimovici M, Hackbart V C S. 2010. Distribution of paralarvae and small juvenile cephalopods in relation to primary production in an upwelling area off southern Brazil. ICES Journal of Marine Science: Journal du Conseil, 67(7): 1346-1352.

Villanueva R, Staaf D J, Argüelles J, et al. 2012. A laboratory guide to in vitro fertilization of oceanic squids. Aquaculture, 342-343: 125-133.

Vitale F, Svedäng H, Cardinale M. 2006. Histological analysis invalidates macroscopically determined maturity ogives of the Kattegat cod (*Gadus morhua*) and suggests new proxies for estimating maturity status of individual fish. ICES Journal of Marine Science: Journal du Conseil, 63 (3): 485-492.

Waluda C, Rodhouse P, Podestá G, et al. 2001. Surface oceanography of the inferred hatching grounds of *Illex argentinus* (Cephalopoda: Ommastrephidae) and influences on recruitment variability. Marine Biology, 139(4): 671-679.

Waluda C, Trathan P, Rodhouse P. 1999. Influence of oceanographic variability on recruitment in the *Illex argentinus* (Cephalopoda: Ommastrephidae) fishery in the South Atlantic. Marine ecology. Progress series, 183: 159-167.

Waluda C M, Rodhouse P G, Trathan P N, et al. 2001. Remotely sensed mesoscale oceanography and the distribution of *Illex argentinus* in the South Atlantic. Fisheries Oceanography, 10(2): 207-216.

Waluda C M, Yamashiro C, Rodhouse P G. 2006. Influence of the ENSO cycle on the light-fishery for *Dosidicus gigas* in the Peru Current: an analysis of remotely sensed data. Fisheries Research, 79 (1-2): 56-63.

Wells M J, Wells J. 2012. Cephalopoda: octopoda. Reproduction of marine invertebrates, 4: 291-336.

Wells M J, Clarke A. 1996. Energetics: The costs of living and reproducing for an individual Cephalopod. Philosophical Transactions of the Royal Society of London. Series B: Biological Sciences, 351 (1343): 1083-1104.

West G. 1990. Methods of Assessing Ovarian development in Fishes: a Review. Marine and Freshwater Research, 41(2): 199-222.

Witthames P R, Thorsen A, Murua H, et al. 2009. Advances in methods for determining fecundity: application of the new methods to some marine fishes. Fishery Bulletin, 107(2): 148-164.

Wood S N. 2006. Generalized additive models: an introduction with R. Florida: Chapman & Hall/CRC. 1-397.

Wood S N. 2008. Fast stable direct fitting and smoothness selection for generalized additive models. Journal of the Royal Statistical Society: Series B (Statistical Methodology), 70(3): 495-518.

Zlatanos S, Laskaridis K, Feist C, et al. 2006. Proximate composition, fatty acid analysis and protein digestibility-corrected amino acid score of three Mediterranean cephalopods. Molecular Nutrition & Food Research, 50(10): 967-970.

Zorica B, Sinovcic G, Kec V C. 2011. The reproductive cycle, size at maturity and fecundity of garfish (*Belone belone*, L. 1761) in the eastern Adriatic Sea. Helgoland Marine Research, 65(4): 435-444.